乖乖与臭臭的妈 / **编著**

辽宁科学技术出版社
·沈阳·

图书在版编目（CIP）数据

二狗妈妈的小厨房之美味小吃 / 乖乖与臭臭的妈编著.
—沈阳：辽宁科学技术出版社，2018.1（2018.10重印）
ISBN 978-7-5591-0523-3

Ⅰ. ①二…　Ⅱ. ①乖…　Ⅲ. ①风味小吃—食谱
Ⅳ. ①TS972.142

中国版本图书馆CIP数据核字（2017）第298407号

出版发行：辽宁科学技术出版社
（地址：沈阳市和平区十一纬路25号　邮编：110003）
印 刷 者：辽宁新华印务有限公司
经 销 者：各地新华书店
幅面尺寸：170 mm × 240 mm
印　　张：15
字　　数：300千字
出版时间：2018年1月第1版
印刷时间：2018年10月第3次印刷
责任编辑：卢山秀
封面设计：魔杰设计
版式设计：方舟文化
责任校对：徐　跃

书　　号：ISBN 978-7-5591-0523-3
定　　价：49.80元

写给您的一封信

翻开此书的您：

您好！无论您出于什么原因，打开了这本书，我都想对您说一声谢谢！

不知道您是否和我一样，总对某种食物有一种情结，总是有一种食物会勾起某种思念，某人、某地、某件事……这种思念随着岁月的流逝，不但不会减少，而且会越发浓烈……而这种食物是什么呢？是小时候妈妈领着我在街头吃的炸糕；是爸爸从外面特意给我们买的酥饼；是每每回到宁夏，姐姐骑车跑好远给我买回来的那份凉皮；是过年时放在嘴里嘎嘣脆的“焦叶子”；也是我终于自己挣钱了给家人从北京带回去的稻香村……不知为何，在准备这本书的时候，我的眼眶总是会湿润，太多太多的情感融进了这本书的制作过程中……

是的，这本小吃书，我想应该是《二狗妈妈的小厨房》系列中最让我动情的一本书。17岁就离开父母来到北京，在这样一个大都市中，小地方来的我像刘姥姥进了大观园，眼睛看什么都是新鲜的，很多吃食都是没见过的，豌豆黄、驴打滚儿、艾窝窝……要不是二狗爸爸的及时出现，我不会很快了解到这些小吃，也不会毅然决然留在了北京，留在了他的身边……

大家都知道，我不是专业人士，而且经常自称“半吊子”，在编写这本书的过程中我也依自己的性子来划分章节。本书一共8个章节，分别是晶莹剔透的美味小吃、入口即化的美味小吃、软糯黏甜的美味小吃、层层起酥的美味小吃、薄皮大馅的美味小吃、脆硬易保存的美味小吃、油炸喷香的美味小吃、吃一份就能果腹的美味小吃等。

如果在使用本书过程中，您觉得书中的小吃和您吃到的做法有差别，还请您见谅，我对美食的理解一直是，利用身边方便得到的食材，做您想要的味道，不拘泥，不较真儿，好吃。当然，也欢迎您给我提出宝贵意见。

我是上班族，只有在下班后和周末才有时间，而且条件有限，做出的成品只能在摄影灯箱里拍摄，如果您觉得成品的图片不够漂亮，还请您多谅解。本书所有图片均由我家先生全程拍摄，个中辛苦只有我最懂得。本书面世之年，是我和先生结婚15周年，感谢先生一如既往的全力支持和陪伴，希望我们就这样互相陪伴一辈子……

感谢辽宁科学技术出版社，感谢宋社长、李社长和我的责任编辑“小山山”，谢谢你们给了我一个舞台，让我完成自己的梦想！感谢每一位参与《二狗妈妈的小厨房》系列的工作人员，你们辛苦啦！

感谢我的单位，感谢我的领导和同事，单位“工于致诚，行以致远”的企业文化，领导和同事们的支持认可，都让我在自己的业余爱好中有了底气，让我有了前进的勇气，让我有了努力的动力！

感谢我的粉丝们，如此长时间的跟随和陪伴，让我可以在你们面前保持真我，不随波逐流，为了不辜负你们的信任，也为了不改自己的初衷，我会坚持我的“不代言、不收钱、不做团购”的原则，踏踏实实地工作、生活，分享美食，分享快乐！

感谢我的闺蜜大宁宁，在每一个重要的时刻，都陪伴着我！

感谢我的家人们，毫无保留地支持我。公婆根本不让我们照顾，有事情也不让我们知道，怕影响图书的制作进度……父母和姐姐们经常说的一句话就是：忙你的，我们好着呢……这就是最亲最亲的人，最爱最爱我的人呀！

最后，我想说，《二狗妈妈的小厨房》系列承载了太多太多的爱，单凭我一个人是绝对不可能完成的。感谢、感恩已不能表达我的心情，只有把最真诚的祝福送给您：

健康！快乐！幸福！平安！

乖乖与臭臭的妈： 马银霞

2017年年末

02 入口即化的美味小吃

软糯黏甜的美味小吃

层层起酥的美味小吃

05 薄皮大馅的美味小吃

06 酥香易保存的美味小吃

07 油炸喷香的美味小吃

08 吃一份就能果腹的美味小吃

本章节的美味小吃，我真的不知道如何起名字，思来想去，晶莹剔透，也不是特别贴切。虽然收录的品种不多，但每一款味道都非常好，做法也不难。其中肠粉我没有做那种卷起来的，而是做这种堆起来的，是因为我觉得这种做法更简单，用的食材也非常少，但味道却非常好呢……

01 CHAPTER

晶莹剔透的美味小吃

凉皮

刘红梅、三住宅、一棵树……我们宁夏大武口的凉皮可好吃了！我做的凉皮是用来解我的乡愁的，每每想家的时候，自己动手做一大碗凉皮，呼噜呼噜一口气吃完，辣得汗直流，好像就不想家了……可是每次吃完，更想家……

原料

凉皮：
水 200 克
盐 1 克
中筋粉 400 克
酵母 1 克

拌汁：
蒜末 6 克
生抽 10 克
醋 10 克
白糖 2 克
饮用水 40 克
盐 2 克
花椒油 2 克
辣椒油 15 克
熟花生碎 15 克
黄瓜丝 30 克
胡萝卜丝 30 克

工具：
8 英寸（20.32 厘米）比萨盘

做法

1. 200 克水倒入盆中，加入 1 克盐，搅匀后加入 400 克中筋粉揉成面团。

2. 盖好，静置至少 1 小时。

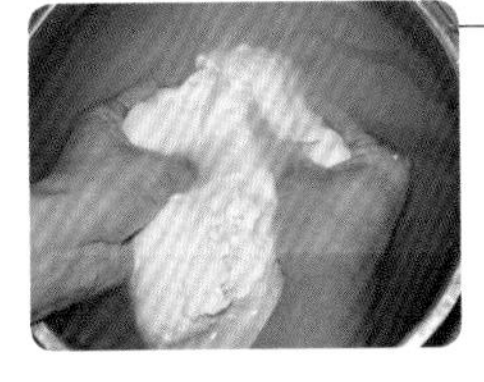

3. 取一个大盆，里面倒入冷水，把面团放入盆中搓洗。

4. 水变成非常浓稠的白色后，面团变小，面筋比较散。

5. 再取一个盆，倒入冷水，把面团移至这个盆中继续搓洗，一直到面筋非常抱团。

6. 把所有洗过面团的水过筛，直接倒入一个大盆中。

7. 把大盆中的水静置 5 小时。

8. 5 小时后的样子。

9. 在静置水的同时，把洗好的面筋放入碗中，加入 1 克酵母揉搓均匀，盖好，静置 1 小时。

10. 把面筋放在抹好油的盘中，上蒸锅蒸 20 分钟。

11. 蒸好的面筋凉透后切块备用。

12. 把静置好的大盆里的水表面上清水撇去，只留白色的淀粉水。

13. 把淀粉水搅匀。

14. 8 英寸（20.32 厘米）比萨盘抹油后，倒入淀粉水。

15. 炒锅中放水烧开，在锅中央放一个小碗，把披萨盘放在小碗上，盖好锅盖，大火蒸足 1 分钟。

16. 表面起大泡就可以了。

17. 迅速把披萨盘放在冷水中。

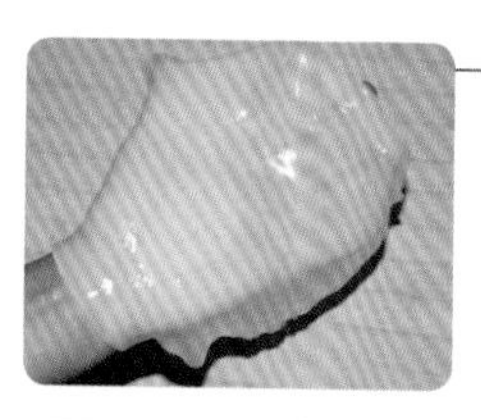

18. 把凉皮揭下来。

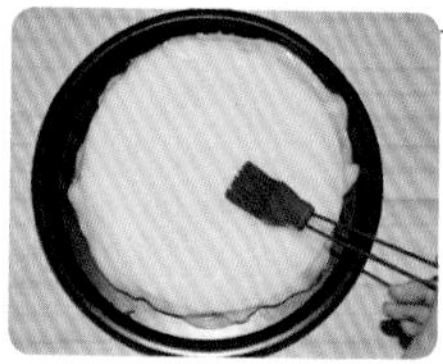

19. 依次把所有淀粉水蒸制成凉皮，每一张都刷熟油防粘。

20. 300 克凉皮切成条放在碗中，加入 30 克黄瓜丝、30 克胡萝卜丝、30 克面筋块。

21. 调制拌汁：蒜末 6 克、生抽 10 克、醋 10 克、白糖 2 克、饮用水 40 克、盐 2 克、花椒油 2 克。

22. 把拌汁倒在凉皮上，加入 15 克熟花生碎、15 克辣椒油，拌匀就可以吃啦。

二狗妈妈**碎碎念**

1. 我喜欢吃稍微软一点儿的凉皮，所以在撇清水时没有撇得十分干净，如果您喜欢吃硬一些的，可以把水撇得干净一些。

2. 拌凉皮可以根据个人喜好来做，不一定要和我的方法一样。

3. 如果嫌洗面筋的凉皮太麻烦，有不洗面筋的方法：将 130 克玉米淀粉、130 克中筋粉、360 克水搅成面糊，静置 10 分钟后蒸制，蒸制方法和洗面筋的凉皮是一样的。同理，如果把 360 克水换成菠菜汁、火龙果汁、胡萝卜汁，就变成了彩色凉皮喽。

4. 在我老家还有一种卷凉皮的吃法：把胡萝卜碎、面筋碎、花生碎放在盆中，加入盐、生抽、醋、香油、辣椒油拌匀，用凉皮包起来，也很好吃。

5. 本配方能做 8 英寸（20.32 厘米）比萨盘大小的凉皮 12 张，大概是 3 大碗的量，请用保鲜膜包好，室温储存，24 小时吃完，不可以放冰箱冷藏哟，那样凉皮会变硬、易断裂。

奶黄水晶饼

糯糯的外皮搭上奶香十足的馅，我一口气吃了 3 个，减肥的打算都成浮云……

原料

奶黄馅：
无盐黄油 30 克
淡奶油 100 克
糖 40 克
鸡蛋 2 个
澄面 80 克
奶粉 40 克

水晶皮：
澄面 240 克
玉米淀粉 30 克
糯米粉 70 克
无盐黄油 25 克
水 320 克
白糖 35 克

工具：
75 克月饼模具

做法

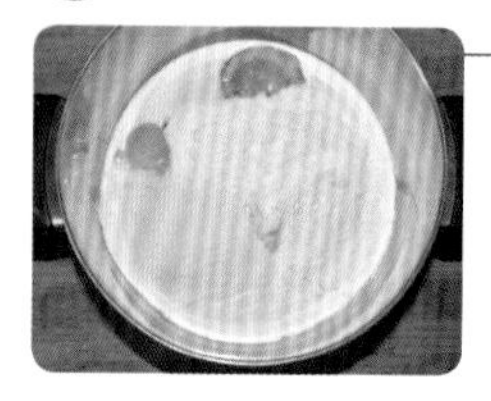

1. 准备一个小锅,30 克无盐黄油、100 克淡奶油、40 克糖、2 个鸡蛋、80 克澄面、40克奶粉放入小锅中。

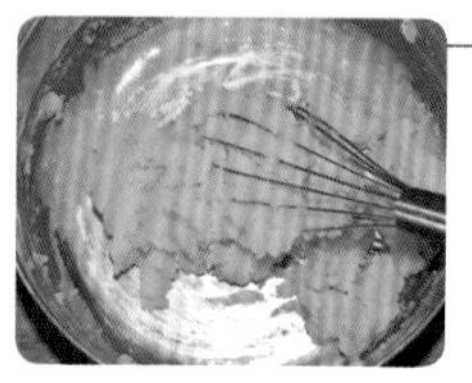

2. 锅底用小火加热，边加热边搅拌，一直到浓稠至结块，关火凉透。

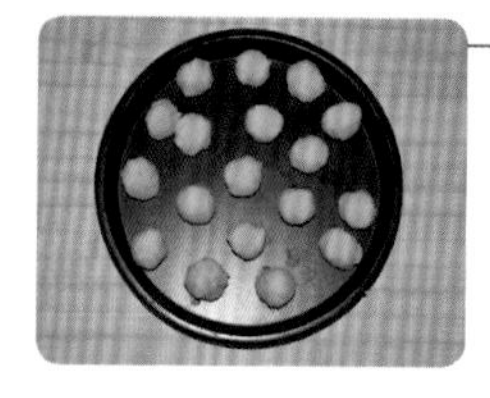

3. 将做好的馅料分成 18 份备用。

4. 240 克澄面、30 克玉米淀粉、70 克糯米粉放入盆中备用。

5. 320克水倒入小锅，放入 35 克白糖。

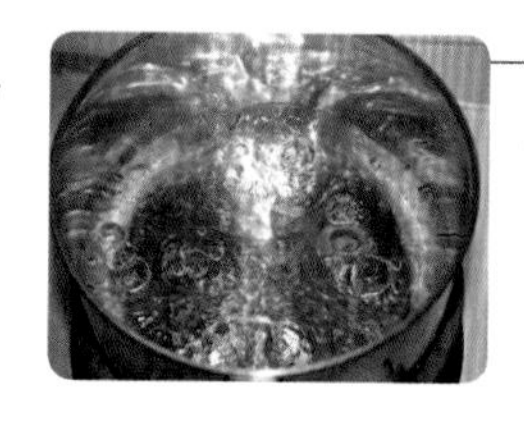

6. 将小锅煮开后关火。

7. 将煮好的糖水倒入面粉盆中。

8. 将面粉迅速搅匀。

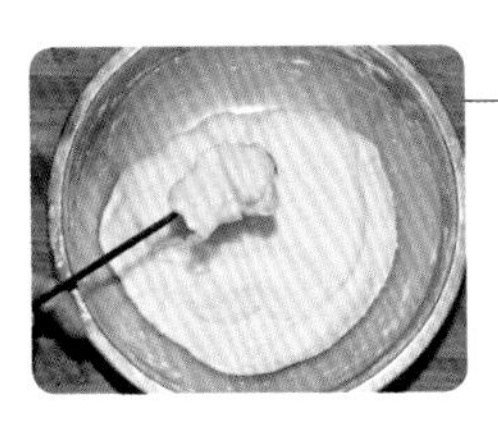

9. 待面絮凉到不烫手时揉成团，加入 25 克无盐黄油。

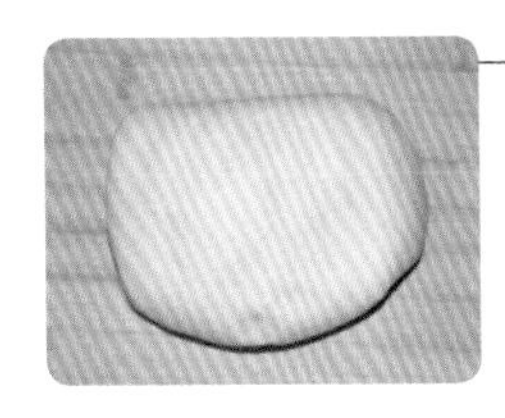

10. 将面团揉到非常光滑。

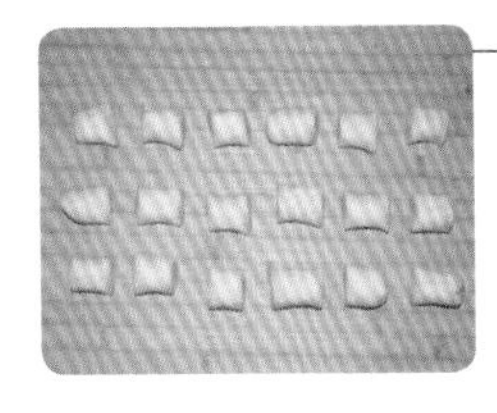

11. 将揉好的面团分成 18 份。

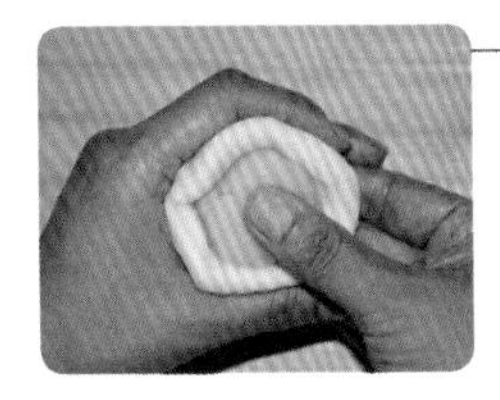

12. 取 1 份面团揉圆按扁，包入 1 份奶黄馅，左手用虎口往上收，右手按住奶黄馅。

13. 捏紧面团的收口。

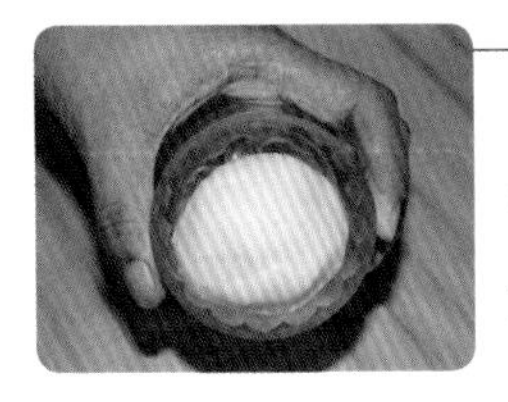

14. 75 克月饼模具安装好喜欢的花片，刷油，把包好馅的面团放入模具。

15. 用模具按压出花纹，撤掉模具，依次做好 18 个。

16. 蒸屉铺油纸，油纸上扎一些孔，把水晶饼放进蒸屉，蒸锅大火烧开，把蒸屉放入蒸锅，转中火，蒸 15 分钟即可关火出锅。

二狗妈妈**碎碎念**

1. 这个配方的分量比较大，大概做了 18 个，您可以减半制作。
2. 我用的是 75 克的月饼模具，如果您用更小一些的模具，那就把馅和水晶皮多分些份数，蒸制的时间也要适当减少。
3. 制作水晶皮时加入开水后，一定要迅速搅匀，等温度凉到不烫手时再揉成团。
4. 如果喜欢，您还可以在奶黄馅里加一些切碎的蔓越莓干，味道更好哦！

麻辣凉粉

自家做的凉粉，干净卫生，而且还可以按自己的口味拌，听说有一道著名的小吃叫“伤心

那你做好凉粉，自己去拌那个“伤心的汁”吧！

原料

○凉粉：
豌豆粉 100 克
水 600 克

○拌汁：
生抽 25 克
醋 20 克
白糖 10 克
辣椒油 20 克
花椒粉 1 克
蒜末 15 克
香葱碎适量

做法

1. 100 克豌豆粉放在碗中，加入 100 克水。

2. 搅匀备用。

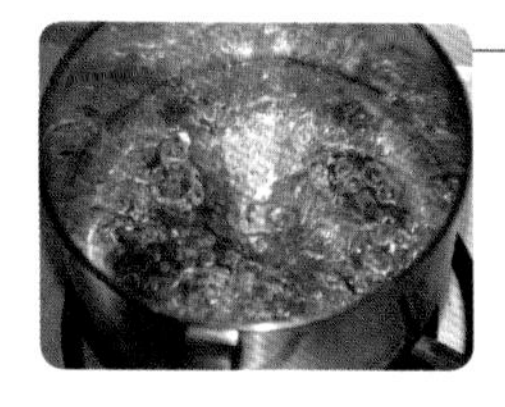

3. 小锅盛 500 克水烧开，转小火。

4. 把豌豆粉水缓缓倒入小锅中，边倒边搅拌。

5. 倒完豌豆粉水，不停搅拌，锅中的白色豌豆粉水全部变成透明色，就可以关火了。

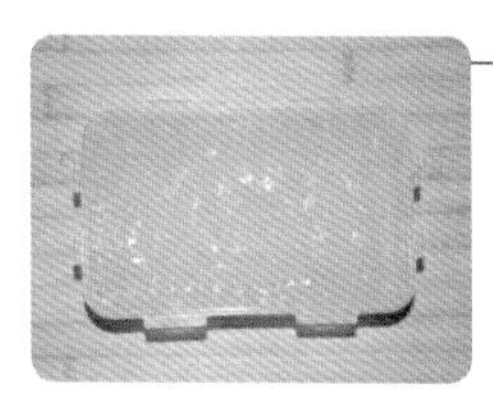

6. 倒入保鲜盒中，静置约 2 小时，一直到凉透，自然凝固成凉粉。

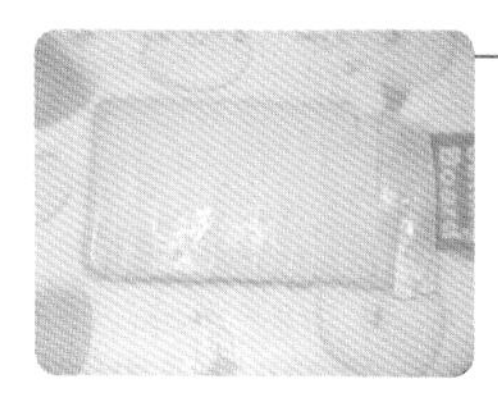

7. 把凉粉扣在案板上，切成条，装盘备用。

8. 调拌汁：25 克生抽、20 克醋、10 克白糖、20 克辣椒油、1 克花椒粉、15 克蒜末，搅匀。

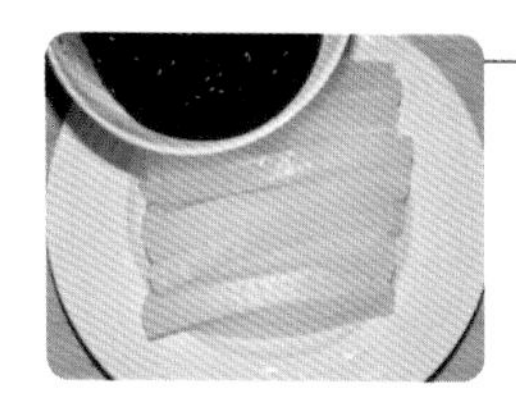

9. 拌汁倒在凉粉上，撒一些香葱碎，即可食用。

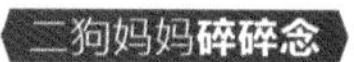

二狗妈妈**碎碎念**

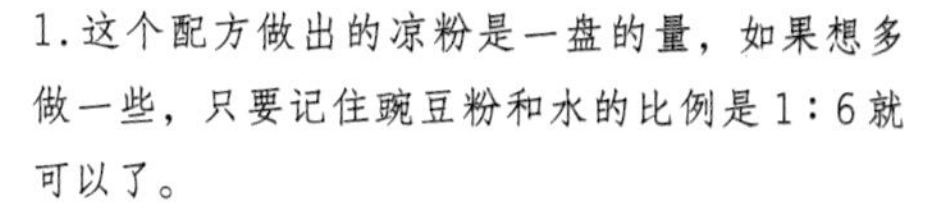

1. 这个配方做出的凉粉是一盘的量，如果想多做一些，只要记住豌豆粉和水的比例是 1∶6 就可以了。

2. 一定要边倒豌豆粉水边不停搅拌，豌豆粉水要缓缓倒入，不然不容易搅匀。

3. 拌凉粉的拌汁可以根据个人喜好来做，不一定要和我的一样。

4. 凉粉做好，室温保存，24 小时内必须吃完，不可以冰箱冷藏。

水晶虾饺

原料

● 虾饺馅：
虾仁 250 克
淀粉 10 克
猪肥肉丁 40 克
胡萝卜丁 30 克
荸荠碎 30 克
姜末 2 克
白胡椒粉 1 克
蚝油 10 克
香油 4 克
植物油 6 克
盐 2 克

● 虾饺皮：
澄面 150 克
土豆淀粉 50 克
开水 250 克
猪油 10 克

配料：胡萝卜片适量

二狗妈妈**碎碎念**

1. 烫虾饺皮的粉类时，一定要用刚烧开的开水，这样做出来的皮儿才比较晶莹。
2. 荸荠可以用笋替换。
3. 在包制的过程中，一定要用保鲜膜全程盖好虾饺皮，不然水分很快就会流失了。
4. 蒸制时间不宜过长，4 ~ 6 分钟即可，看虾饺大小来定蒸制时间。
5. 我做的量比较大，大概是 28 个的量，如果吃不了这么多，可以把所有用料减半。

2017 年 8 月，荣宝宝和阿妍来京，我们一起去了国明姐的工作室做了场直播，效果可好了呢……阿妍说，来我们广东吧，我带你去吃数都数不完的小吃，比如我们那里的虾饺，超级好吃……荣宝宝在一边很认真地用力点着头……很怀念那次约会，很想念喝醉了的荣宝宝……

1. 250克虾仁挑净虾线后，放入10克淀粉，搓揉一会儿用流动的水洗净。

2. 取1/3的虾肉切丁，另外2/3的虾肉剁成泥。

3. 准备好40克猪肥肉丁、30克胡萝卜碎、30克荸荠碎。

4. 所有材料放入大碗。

5. 加入2克姜末、1克白胡椒粉、10克蚝油、4克香油、6克植物油、2克盐，抓匀并摔打数十次后，放冰箱冷藏备用。

6. 150克澄面、50克土豆淀粉放入盆中，加入250克开水。

7. 迅速搅匀后，稍不烫手时揉成面团，加入10克猪油。

8. 把猪油都揉进面团中，盖好静置20分钟。

9. 把面团搓长后分成小剂子，立即用保鲜膜盖好。

10. 取一个小剂子擀开，用大小合适的碗扣出圆形，去除边上多余的部分。

11. 把圆片再擀薄一些，放入馅料。

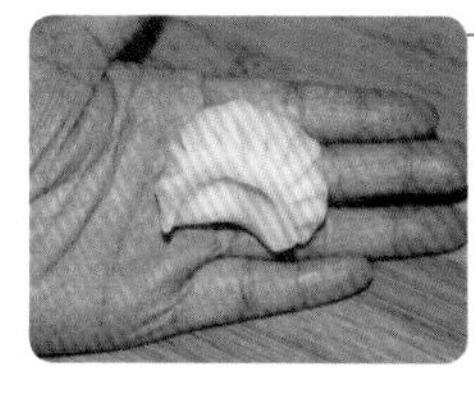

12. 包成饺子形。

13. 放在垫有胡萝卜片的蒸屉上。

14. 蒸锅放足冷水，盖好锅盖，大火烧开，把蒸屉放入蒸锅，转中火，蒸5分钟即可出锅。

肠粉

2005年，我去厦门出差，酒店的自助餐就有肠粉，我吃了一份又取了一份，太好吃了，当然，人家做的肠粉裹入了虾仁、肉馅，比我做的料要丰富多了……

原料

肠粉：
粘米粉 70 克
澄面 70 克
玉米淀粉 10 克
水 420 克
鸡蛋 2 个

酱汁：
蒜末 15 克
蚝油 15 克
蒸鱼豉油 15 克
老抽 2 克
水 30 克
植物油 20 克

工具：
9 英寸（22.86 厘米）比萨盘

1. 70 克粘米粉、70 克澄面、10 克玉米淀粉放入大碗中。

2. 加入 420 克水搅匀。

3. 2 个鸡蛋放入小碗中打散备用。

4. 9 英寸（22.86 厘米）比萨盘抹油，倒入一勺粉浆，铺满整个盘底。

5. 放入已经烧开水的蒸锅，盖好锅盖。

6. 30 秒后，粉浆已凝固，把鸡蛋舀进去一小勺，再盖好锅盖，等待约 45 秒，就可以了。

7. 用刮板把肠粉边推边铲，盛出。

8. 依次做好所有肠粉，码放在盘子里。

9. 准备好 15 克蒜末，再准备一个小碗，放入 15 克蚝油、15 克蒸鱼豉油、2 克老抽、30 克水。

10. 锅中放入 20 克植物油，把蒜末放入锅中炒香。

11. 倒入调好的汁，约 20 秒就关火，浇在肠粉上即可。

二狗妈妈碎碎念

1. 粉浆用之前都要搅匀。
2. 喜欢鸡蛋多一些的可以增加用量。
3. 如果喜欢更丰富的口感，可以把肠粉整张蒸熟后卷入肉末、虾仁再蒸 3 分钟左右，出锅浇汁食用。

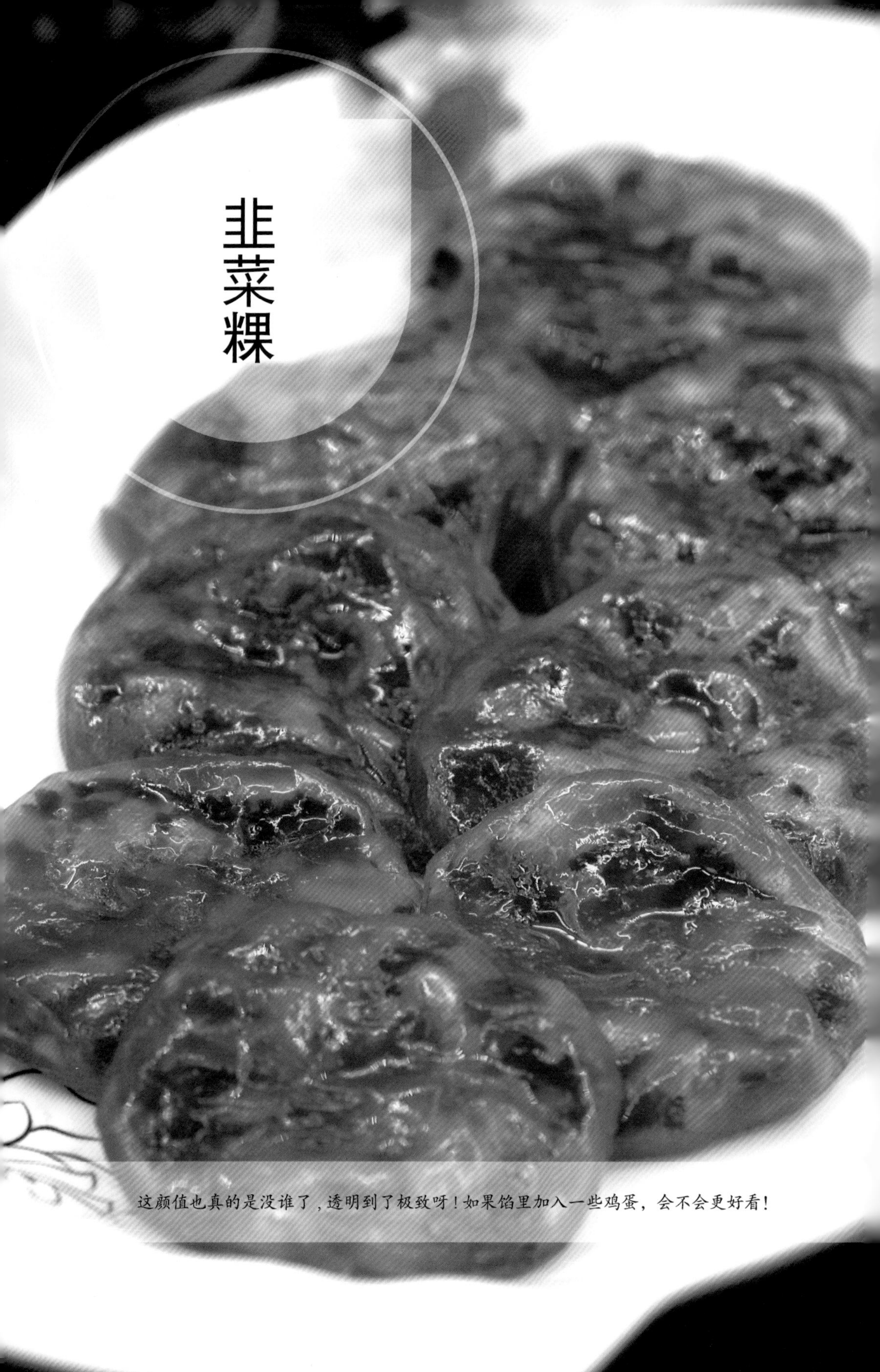

韭菜粿

这颜值也真的是没谁了，透明到了极致呀！如果馅里加入一些鸡蛋，会不会更好看！

原料

皮：
木薯粉 120 克
开水 70 克

韭菜馅：
韭菜 100 克
泡发好的海米 30 克
香油 10 克
盐 3 克

做法

1. 120 克木薯粉放入大碗中，加入 70 克开水。

2. 迅速搅匀，不烫手时揉成面团，盖好备用。

3. 100 克韭菜切碎放入大碗中，加入已经泡发好的 30 克海米、10 克香油、3 克盐，搅匀备用。

4. 把面团放案板上搓长后切成小段。

5. 取一块面团擀开擀薄，放入韭菜馅。

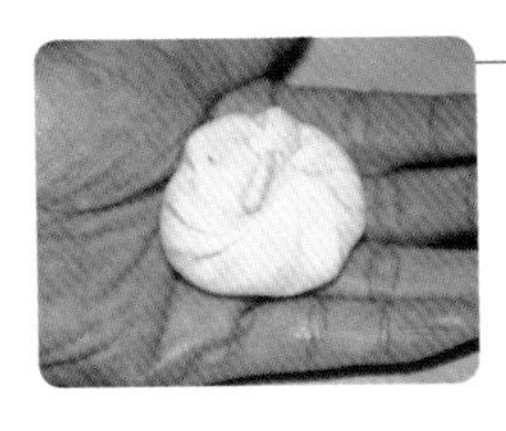

6. 像包包子一样捏紧收口。

7. 收口朝下，稍按扁。

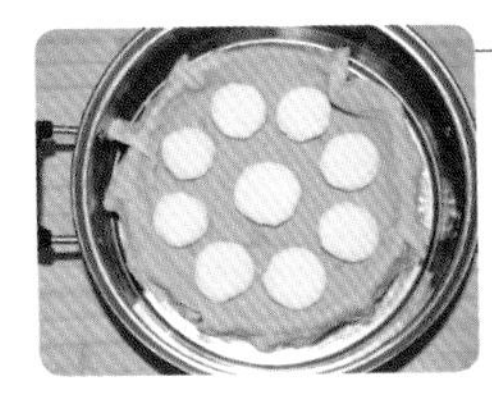

8. 依次做好所有韭菜粿，码放在蒸屉中，蒸锅放足冷水，大火烧开，把蒸屉放入锅中，中火蒸 10 分钟。

二狗妈妈碎碎念

1. 一定要用开水去烫木薯粉，这样做出来的效果会更好。
2. 韭菜馅可以根据自己的喜好进行调整，不一定要和我的一样。
3. 第 4 步面团切好后，要用保鲜膜及时盖好，以免水分流失。
4. 不要蒸制时间太长，蒸好后趁热刷一层熟油，有效防粘。

我理解的“入口即化”，就是这些好吃的含在嘴里不用费劲、不用咀嚼，稍微一抿嘴，就能化在口中，继而滑进胃中。

本章节里的美味小吃，做法都很简单，也都是非常常见的小吃，绿豆糕、山楂糕、豌豆黄……这些美味小吃外卖的价格都不算便宜，咱自己在家就能做出来，而且，完全不用添加剂，健康又美味！咋做出来的呢？快翻开瞧瞧吧！

02 CHAPTER

入口即化的美味小吃

绿豆糕

炒制绿豆泥的时候，我经常拿勺子尝味道，一口接一口，一不小心就吃掉小半锅……

原料

脱皮绿豆 300 克
无盐黄油 100 克
白糖 60 克
麦芽糖 30 克

工具：
50 克绿豆糕模具
或 50 克月饼模具

做法

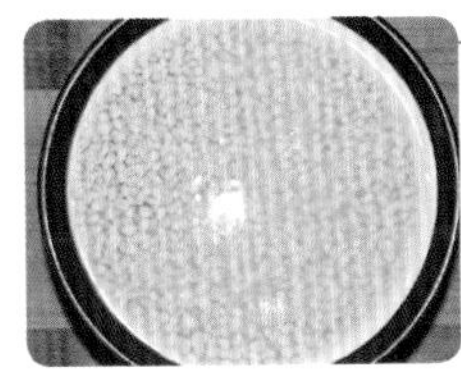

1. 300 克脱皮绿豆用水浸泡 5 小时。

2. 蒸锅铺屉布，把泡好的绿豆铺在屉布上。

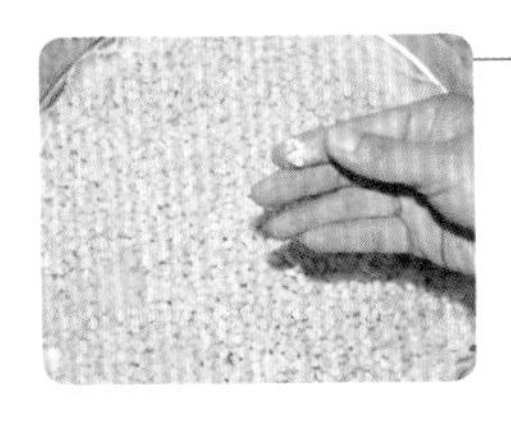

3. 蒸锅放足冷水，把绿豆放入蒸锅，大火烧开转中火，蒸 40 分钟，一直到能用手轻易碾碎。

4. 趁热把绿豆过筛。

5. 大火烧热炒锅，把 100 克无盐黄油放入锅中熔化。

6. 把绿豆泥放入锅中翻炒均匀。

7. 加入 60 克白糖、30 克麦芽糖。

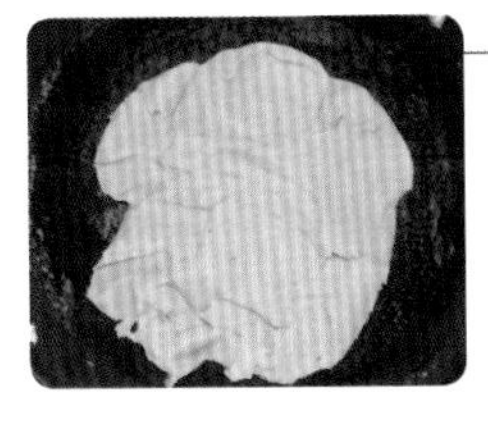

8. 中小火炒至糖完全熔化，并且不粘手不粘锅抱团的状态就可以关火了。

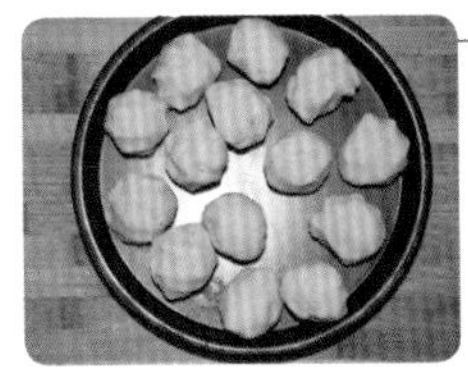

9. 凉至不烫手的时候，分成 50 克一个的球。

10. 取一个绿豆泥球，放入模具中。

11. 压制成型，冰箱冷藏 2 小时后食用。

二狗妈妈**碎碎念**

1. 脱皮绿豆网购即可。
2. 过筛的步骤比较耗时费力，如果想要一点儿颗粒口感的话，可以不过筛，趁热压碎即可。
3. 豆沙炒制好后，还可以加入一些切碎的蔓越莓干，口感会更丰富哟！
4. 制作完放冰箱冷藏后食用，口感更好。

山楂糕

冰冰凉凉，酸酸甜甜的，而且完全没有添加剂，多健康呀……

原料

山楂 600 克
水 1200 克
白糖 300 克
冰糖 200 克

做法

1. 600 克山楂清洗干净。

2. 山楂切开后去核。

3. 去核后的山楂放入锅中，加入 1200 克水、300 克白糖、200 克冰糖。

4. 将锅中水大火烧开后转中火。

5. 煮 15 分钟后关火。

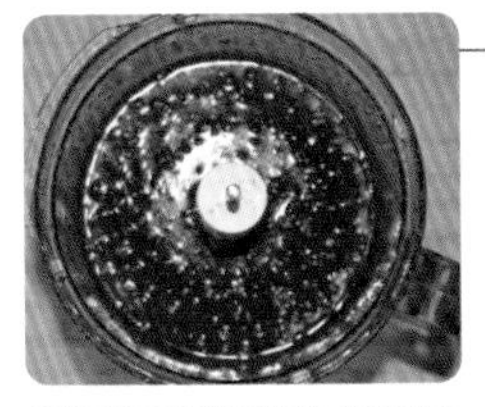

6. 将煮好的山楂和水一起倒入料理机，打碎。

7. 打碎后的山楂糊直接过筛到锅中。

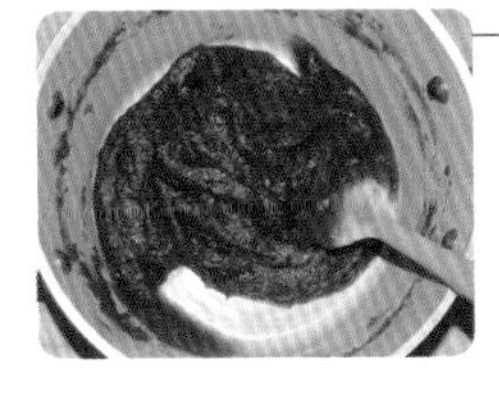

8. 再把锅放回灶上，中小火煮，约 45 分钟后，观察山楂糊变得非常浓稠，铲子铲起不滑落的程度，即可关火。

9. 保鲜盒里刷油，把山楂糊倒入盒中，抹平，自然冷却后冰箱冷藏至少 4 小时，凝固后，脱模切块食用。

二狗妈妈**碎碎念**

1. 山楂煮软后就可以用料理机打碎了，如果您有破壁机，会打得更加细腻，那就不用过筛了。
2. 糖的用量不能再减少了，我熬的这个味道不算甜，您可以把糖全部换成白糖或冰糖。
3. 最后熬制的时间只是作参考，一定要到山楂糊非常浓稠，用铲子铲一些，不滴落的状态才可以。

糖蒸酥酪

每每路过“三元梅园”，一定会进去来一杯酥酪吃，口感冰冰凉，配上干果碎，真的好吃极了……

原料

牛奶 400 克
白糖 30 克
米酒 180 克
干果碎适量

做法

1. 400 克牛奶放入小奶锅中，加入 30 克白糖。

2. 搅匀后放在灶上，开小火，到锅边冒小泡就关火。

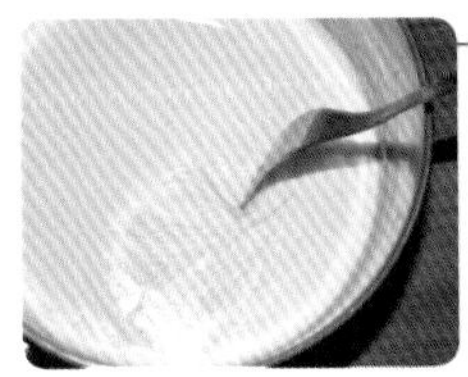

3. 凉透后，去除奶皮。

4. 180 克米酒分 3 个小碗盛装。

5. 把凉透的牛奶也分成 3 份倒入小碗。

6. 分别搅匀后，去除表面的泡沫，用保鲜膜包紧碗口，放入蒸锅，大火烧开转中小火，蒸 20 分钟。

7. 自然凉透后，把小碗转移到冰箱，冷藏至少 2 小时后取出，表面装饰您喜欢的干果碎就可以了。

二狗妈妈**碎碎念**

1. 牛奶不用完全煮沸，只要小奶锅边缘出现小气泡，糖溶化即可。
2. 一定要等牛奶凉透后再加入米酒，我用 3 个小碗分装，如果您想用一个大碗也可以，直接把米酒全部倒入大碗后，再把牛奶全部倒入即可。
3. 蒸制的时候火力一定不能大，不然蒸好的酥酪里面有空洞。
4. 自然凉透后，入冰箱冷藏，建议冷藏一宿，口感会更好。

豌豆黄

自家熬的豌豆黄，货真价实，不用任何凝固用的添加剂，口感太好了……

原料

脱皮豌豆 200 克
白糖 50 克

做法

1. 200 克脱皮豌豆放入大碗中。

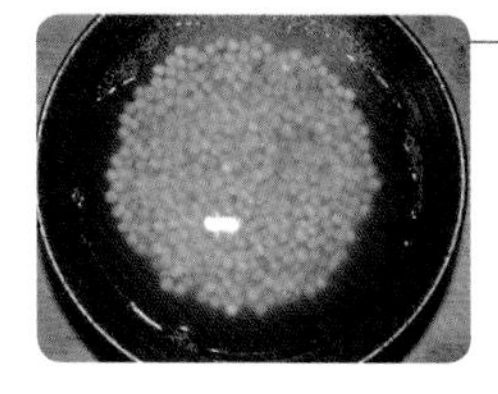

2. 淘洗干净后加足量的水泡足 8 小时。

3. 把豌豆放入锅中，加水高于豌豆 1 厘米。

4. 大火烧开转小火，撇干净浮沫。

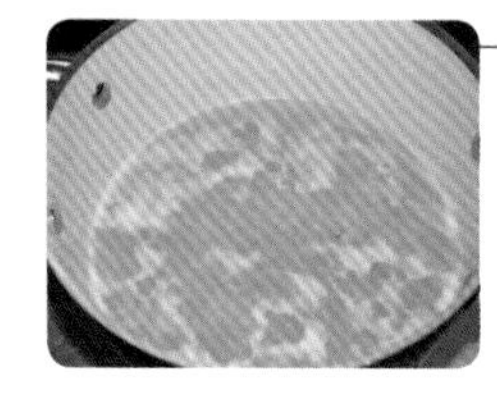

5. 盖好锅盖，小火煮 25 分钟。

6. 煮好的豌豆放入料理机，加入锅中煮过的豌豆水与豆子齐平，加 50 克白糖，打成糊状。

7. 把打好的豌豆糊倒入炒锅。

8. 开小火不停翻炒，一直到豌豆糊变得浓稠，用铲子划过豌豆糊，有纹路，即可关火。

9. 把炒好的豌豆糊倒入方形容器，抹平表面，自然凉透后转冰箱冷藏约 4 小时，待凝固后倒出豌豆黄，切块食用。

二狗妈妈**碎碎念**

1. 脱皮豌豆网购即可。
2. 煮豌豆时很容易溢锅，需要时刻注意观察。
3. 炒制的时候一定要小火不停翻炒，一直到比较浓稠且纹路清晰即可，不能炒得太浓稠，不然口感不润，还容易开裂。
4. 豌豆泥不会粘模具的，所以模具不需要作任何处理。

芸豆卷

我做了好几次芸豆卷，口感肯定是棒棒哒，可就是做不出人家外卖的那么精致漂亮，后来，我就琢磨，自家做好吃的，都是给家人吃的，做不出外卖的那个俏模样，那就别折磨自己啦，好吃最重要嘛……

原料

白芸豆 200 克
白糖 10 克
红豆馅约 200 克

做法

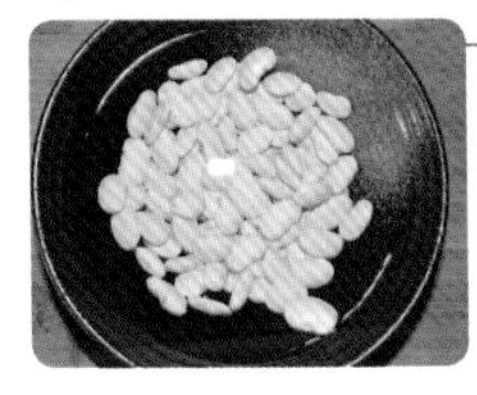

1. 200 克白芸豆放在清水中浸泡 12 小时以上。

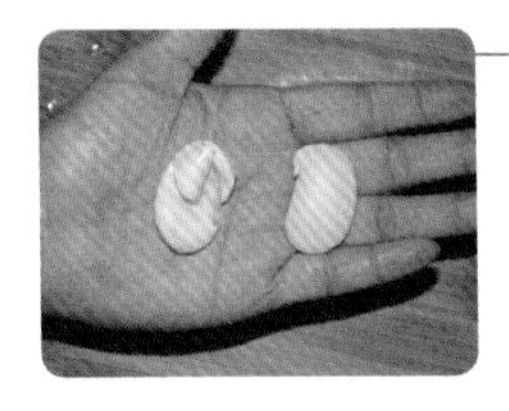

2. 把芸豆皮去除。

3. 把去皮后的芸豆放入碗中，加入少量水，约到豆子量的 2/3。

4. 蒸锅加足冷水，把芸豆碗放入锅中，大火烧开转中火，蒸足 20 分钟。

5. 蒸好的芸豆沥去水分。

6. 放入炒锅中，加入 10 克白糖。

7. 中火炒至芸豆黏稠。

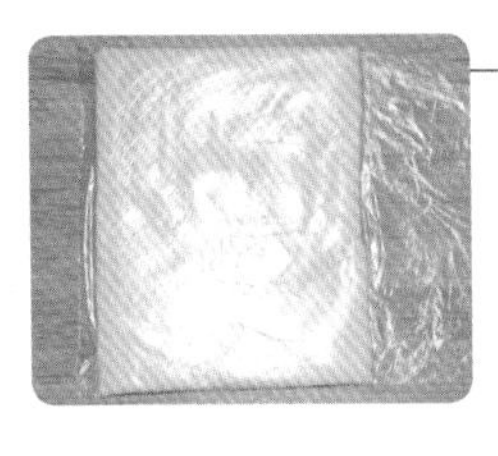

8. 芸豆泥稍凉后放入大的保鲜袋，擀薄擀平。

9. 把保鲜袋的两边剪开，打开保鲜袋，在芸豆泥上码放两条红豆馅。

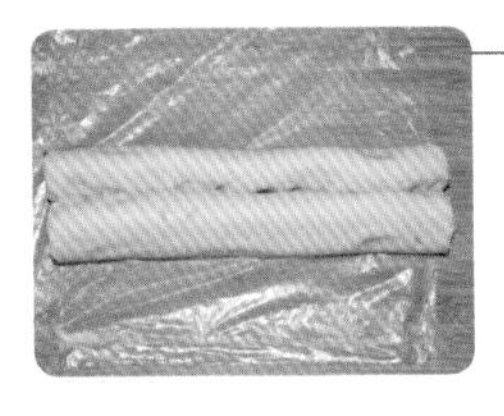

10. 用保鲜袋从上方和下方分别往中间折。

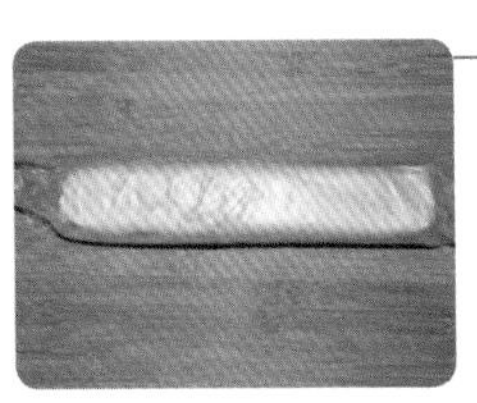

11. 稍整理形状后切块食用。

二狗妈妈**碎碎念**

1. 如果想要口感更细腻，可以在第 5 步骤后过筛再放锅中炒制。
2. 红豆馅可多可少，看个人喜欢。
3. 要根据保鲜袋的大小来确定做的芸豆卷大小，我用的保鲜袋较大，所以做的芸豆卷个头也比较大，如果您用小一些的保鲜袋，那就可以分几袋完成。

杨枝甘露

芒果、椰浆、西米、柚子的完美组合，浓郁到不能自拔……

原料

西米 60 克
芒果肉 320 克
椰浆 400 克
红心柚子肉 25 克
芒果丁 80 克

做法

1. 准备好 60 克西米。

2. 锅中烧开水，把西米倒入锅中，再次开锅后关火，盖好锅盖，闷 20 分钟。

3. 20 分钟后，把西米捞出，过冷水，这时候，西米还有一点儿白心。

4. 再重新烧一锅开水，把西米倒入锅中，再次开锅后，关火，盖好锅盖，闷 6 分钟。

5. 闷好的西米已经没有白心，捞出后泡入冰水中。

6. 将西米从冰水中捞出，沥干水分，备用。

7. 准备好 320 克芒果肉。

8. 把芒果肉放入料理机，倒入 380 克椰浆，打成芒果泥备用。

9. 再准备 25 克红心柚子肉、80 克芒果丁。

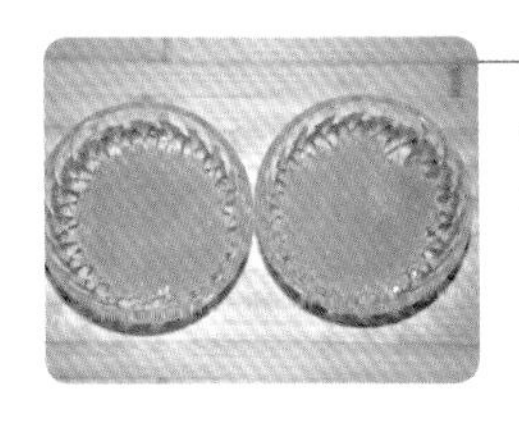

10. 把西米放在小碗中。

11. 倒入芒果椰浆泥。

12. 摆放红心柚子肉和芒果丁，再淋一些椰浆（每碗大概 10 克），冰箱冷藏后食用更佳。

二狗妈妈**碎碎念**

1. 西米不太好煮，所以采用闷的方式，只要没有白心就可以了。
2. 椰浆可以用牛奶和淡奶油替换，但口感不如椰浆好。

豆腐脑

自己想吃豆腐脑，不用出去买，在家做很方便的，而且想吃多少就做多少。用香菇水做的卤汁，香气四溢，不需要再点香油咯……

原料

○ 豆腐脑：
干黄豆 150 克
水 1200 克
葡萄糖内酯 3 克
温水 12 克

○ 卤汁：
干黄花菜 20 克
干香菇 10 克
干木耳 5 克
香菇水 + 清水一共 1000 克
生抽 60 克
葱碎 25 克
姜末 10 克
鸡蛋 1 个
水淀粉：30 克淀粉 +80 克水

做法

1. 150 克干黄豆用水浸泡至少 5 小时。

2. 20 克干黄花菜、5 克干木耳、10 克干香菇用水泡发备用。

3. 把泡好的黄豆沥干水后放入料理机，加入 1200 克水。

4. 启动料理机，打成豆浆。

5. 把豆浆过滤两遍。

6. 第二遍过滤，将豆浆过滤到小锅中。

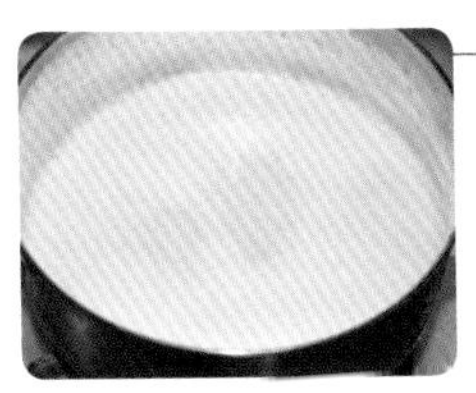

7. 开中小火煮开，不停地搅拌，大约 5 分钟关火。

8. 在盆中放入 3 克葡萄糖内酯，用 12 克温水溶化，把煮开的豆浆用勺子搅 50 下左右，倒入盆中，盖好静置 15~20 分钟。

9. 把泡好的木耳、黄花菜、香菇都切小一些备用，准备好 25 克葱碎、10 克姜末。

10. 再准备一个鸡蛋打散备用，30 克淀粉加 80 克水搅匀备用。

11. 大火烧热油锅，放入葱碎和姜末，炒香。

12. 把木耳、黄花菜、香菇都放进锅中，倒入泡香菇的水，再加一些清水，香菇水和清水的量约 1000 克。

13. 锅内倒入 60 克生抽。

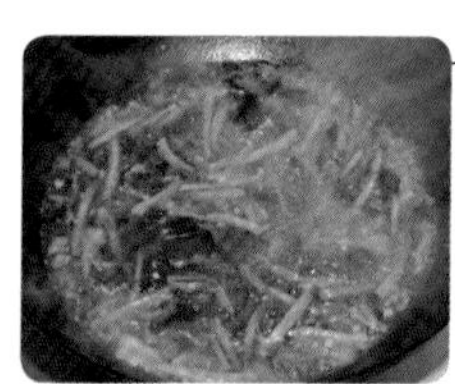

14. 大火煮开后转小火，煮约 3 分钟。

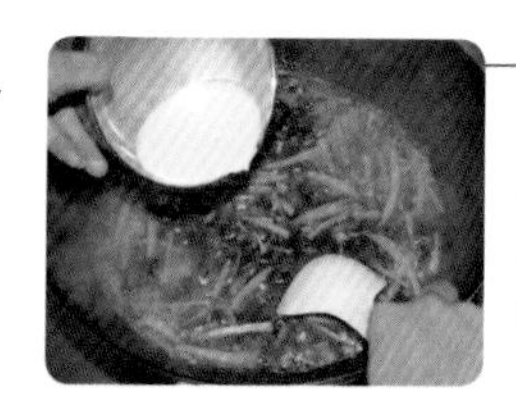

15. 把水淀粉一点一点倒入锅中，边倒边搅，一直到比较浓稠的状态。

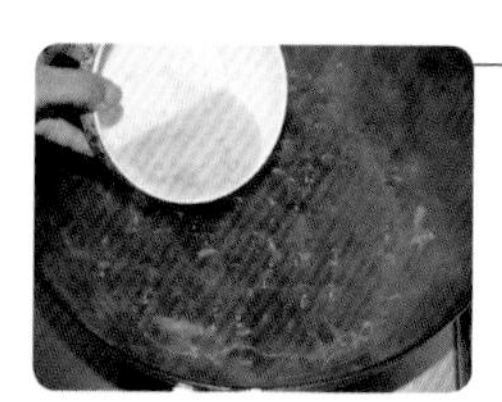

16. 把鸡蛋转圈淋入锅中，煮开后关火。

17. 卤汁做好了，用铲子把做好的豆腐脑铲到碗中，浇上卤汁就可以食用啦。

二狗妈妈**碎碎念**

1. 黄豆一定要泡足水，打得越细越好。如果您有直接加热成豆浆的豆浆机，可以从第 8 步骤直接做，不用再熬煮。

2. 煮豆浆时容易扑锅，一定要及时搅拌。煮好后的豆浆用勺子搅拌 50 下左右，是为了降温至 80~90 摄氏度，这个温度最容易凝固。

3. 卤汁可以根据自己喜好进行调整，这是我比较常做的一个卤汁。如果您喜欢甜味豆腐脑，可以直接在豆腐脑上淋黄糖浆或蜂蜜，也可以直接撒白糖。

马蹄糕

Q 弹的口感，满口的椰香，真的很好吃呢……

原料

黄糖马蹄糊：

马蹄粉 150 克
水 580 克
黄片糖 130 克

椰浆马蹄糊：

马蹄粉 100 克
椰浆 300 克
牛奶 200 克
糖 50 克

工具：

8 英寸（20.32 厘米）圆形蛋糕模具

做法

1. 150 克马蹄粉放入碗中。

2. 加入 300 克水搅匀。

3. 将面糊过筛备用。

4. 130 克黄片糖加入 280 克水。

5. 小火煮至糖溶化后，静置 3 分钟左右。

6. 倒入刚才的马蹄糊中，边倒边搅，搅匀备用。

7. 100 克马蹄粉加入 300 克椰浆。

8. 将椰浆与马蹄粉搅匀。

9. 将搅匀的面糊过筛备用。

10. 200 克牛奶加入 50 克糖。

11. 小火煮至糖溶化，锅边稍冒小泡就关火。

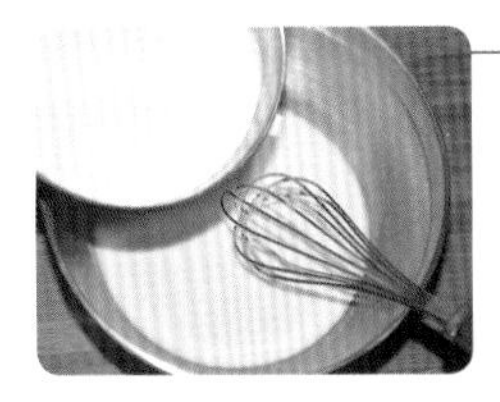

12. 把牛奶倒入椰浆马蹄糊中，边倒边搅。

13. 我们就得到了两份马蹄糊。

14. 蒸锅放足冷水大火烧开，8 英寸（20.32 厘米）圆形蛋糕模具中先倒入一层黄糖马蹄糊，放入蒸锅蒸 3 分钟。

15. 再倒入一层椰浆马蹄糊，放入蒸锅蒸 3 分钟，以此类推，一直到最顶层一定是黄糖马蹄糊。

16. 蒸好的马蹄糕凉透后脱模切块食用。

二狗妈妈**碎碎念**

1. 马蹄粉网购即可。
2. 全程大火蒸制，所以蒸锅内的水一定要加足。
3. 每层的厚度自行掌握，厚一些就蒸的时间长一些。
4. 一定凉透再脱模，切的时候用长一些的利刀一气呵成，切面才会漂亮。

看到本章节的名，您一定就知道了，本章节里面的美味小吃，口感是糯的、黏的，一定有不少糯米类的吃食。

糯米类的美味小吃非常多，几乎每个地方都有，而且都非常美味，我选择的这17种美味小吃，不仅仅都用到了糯米，而且口感都是糯糯的，有甜有咸，都非常好吃。在做这个章节美食的时候，我和先生几乎是一拍完照，立刻拿起一个往嘴里放，真的好诱惑的！

03
CHAPTER
软糯黏甜的
美味小吃

艾草青团

新鲜艾草有一股奇特的香味，和各种您喜欢的馅料搭配起来您会发现，艾草的这种香味真的是百搭，不管和哪种馅料在一起，它都是恰到好处……

原料

○艾草糊：
新鲜艾草 150 克
小苏打 3 克
水 200 克
开水 25 克
糯米粉 200 克
粘米粉 45 克
艾草汁 200 克

○青团皮：
澄面 25 克

○青团馅：
红豆馅 320 克

1. 150 克新鲜艾草摘去硬梗，洗净。

2. 锅内烧开水，把艾草放进锅中，加入 3 克小苏打。

3. 煮到艾草一变色就捞出，迅速过冷水。

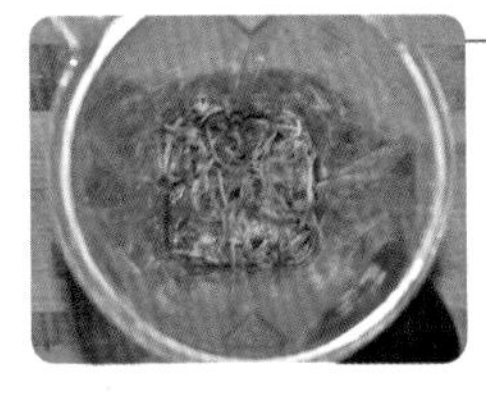

4. 把艾草挤干水分，放入料理机，加入 200 克水，打成糊备用。

5. 25 克澄面加 25 克开水搅匀。

6. 另取一个盆，放入 200 克糯米粉、45 克粘米粉，把澄面倒入盆中。

7. 把艾草糊过滤出 200 克艾草汁，直接放入糯米粉盆中。

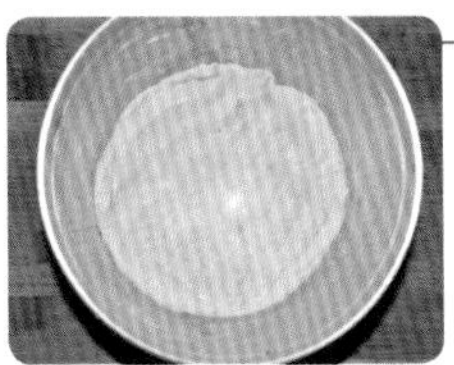

8. 揉成面团盖好备用。

9. 320 克红豆馅分成 20 克一个的圆球，共 16 个。

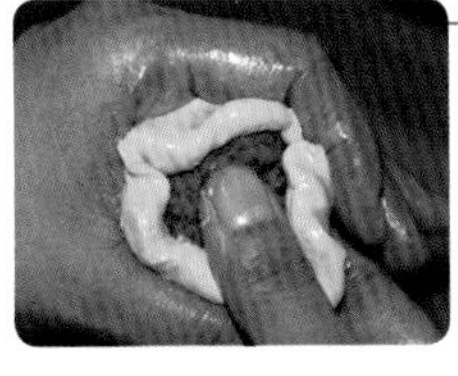

10. 双手抹油，揪一块面团约 35 克，按扁，包入一个豆馅，右手按住馅，用左手虎口往里收。

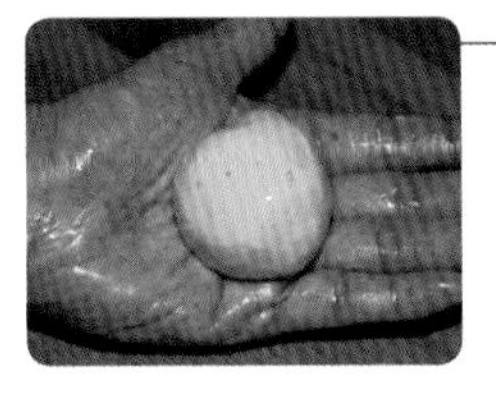

11. 捏紧收口，揉圆。

12. 蒸锅放足冷水，蒸屉铺油纸，油纸上扎一些孔，把生坯码入锅中，大火烧开转中火，蒸 14 分钟。

1. 内馅可以用您喜欢的任何馅料，比如说咸蛋黄肉松青团，可以先把 10 个咸蛋黄蘸白酒后放入烤箱，180 摄氏度烤 10 分钟，碾碎后加入 150 克肉松和 80 克沙拉酱抓匀，分成 20 克一个的小球，其他做法都一样的。
2. 我为了降低糯米粉的黏度，添加了粘米粉，为了让青团不容易开裂，添加了澄面的烫面面团。
3. 青团遇冷会硬，吃的时候要加热。
4. 如果不容易买到新鲜艾草，可以网购，如果不愿意网购，可以用 200 克麦青汁或菠菜汁替换，不过味道没有艾草的好吃哟。

艾窝窝

我和先生去牛街，每次都会在人家外卖的窗口买一些艾窝窝，外卖的艾窝窝馅中有豆沙的，还有干果白糖馅的，我更偏爱干果白糖馅，吃起来格外好吃，但因为有青红丝，个人不太喜欢，所以自家做，我就果断把青红丝去掉啦……

原料

圆粒江米 150 克
中筋粉 80 克
糖桂花 10 克
葡萄干碎 10 克
白糖 10 克

○ 馅料：
熟核桃碎 20 克
熟面粉 15 克
熟白芝麻 10 克

○ 表面装饰：
山楂糕少许

做法

1. 80 克中筋粉放入盘中，表面包紧保鲜膜，放入蒸锅，大火烧开转中火，蒸 15 分钟。

2. 出锅后，把熟面粉过筛备用。

3. 150 克圆粒江米淘洗后，用水泡 3 小时以上。

4. 放入电饭锅，水量刚刚没过江米即可。

5. 用电饭锅煮饭程序把江米做成江米饭。

6. 趁热用擀面杖把米捣散，等待米饭稍凉。

7. 20 克熟核桃碎、15 克熟面粉、10 克熟白芝麻、10 克糖桂花、10 克葡萄干碎、10 克白糖放入碗中，拌匀备用。

8. 案板上撒熟面粉，把江米饭放在面粉上，再在米饭上撒一点儿熟面粉。

9. 整理成长条后分成 8 份。

10. 用手把一块江米饭捏成圆片，包入一些馅料。

11. 收紧收口，在熟面粉中再翻滚一下。

12. 放在盘上，表面用山楂糕小块装饰。

二狗妈妈**碎碎念**

1. 内馅中的糖桂花是点睛之笔，不建议替换。
2. 面粉最好是蒸熟，这样颜色比较洁白，如果不介意颜色的话，可以小火炒熟，炒熟的面粉会稍有点儿发黄。
3. 江米类食品遇冷会变硬，建议现做现吃。

黑芝麻汤圆

不知道您是不是和我家一样，买汤圆一定会买黑芝麻馅的，就是因为咬下去那口香到心底的味道……

原料

黑芝麻馅：
熟黑芝麻粉 100 克
白糖 60 克
猪油 50 克

汤圆皮：
糯米粉 230 克
开水 40 克
冷水 140 克

做法

1. 100 克熟黑芝麻粉放入碗中。

2. 加入 60 克白糖、50 克猪油。

3. 将碗内原料抓匀。

4. 将馅料分成 10 克一个的小球，送入冰箱冷藏备用。

5. 230 克糯米粉放入碗中，倒入 40 克开水。

6. 再倒 140 克冷水入糯米粉碗中。

7. 将碗内材料揉成面团。

8. 分成 20 克一个的小球。

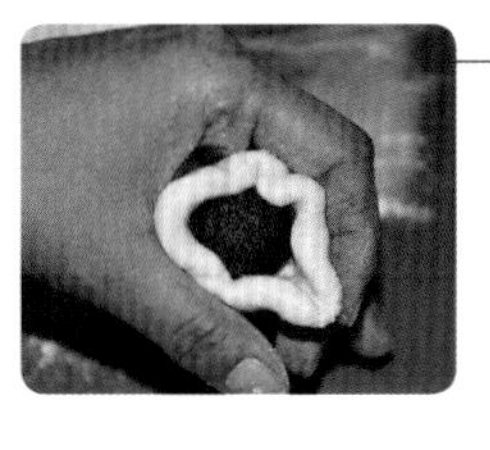

9. 取一个面团按扁，包入一颗黑芝麻馅。

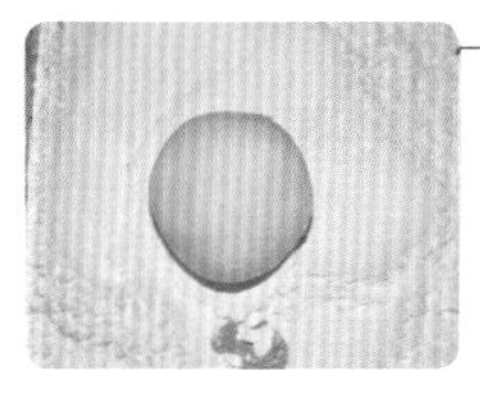

10. 收紧收口后，在糯米粉中滚一圈。

11. 依次包好所有汤圆。

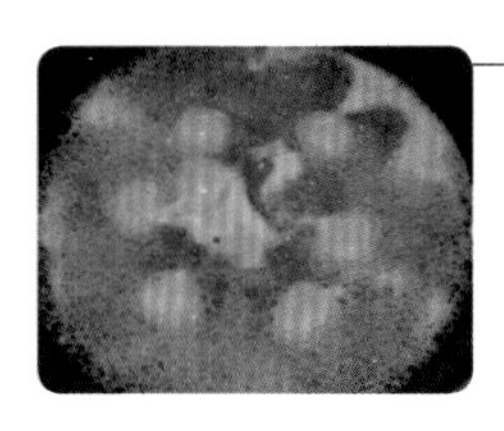

12. 开水下锅，煮至汤圆浮起来就可以关火出锅啦。

二狗妈妈**碎碎念**

1. 熟黑芝麻粉可以把黑芝麻干锅小火焙熟，用料理机打碎，也可以用市售现成的熟黑芝麻粉。
2. 猪油可以用黄油替换，不能用植物油哟，如果喜欢咬下去馅特别软糯，还可以增加猪油的用量。
3. 用一点儿开水和面，煮好的汤圆不容易开裂哟。

驴打滚

刚来北京的时候，先生说这款小吃叫驴打滚，我吃了半天，哀怨地看着他说："根本没有驴肉哇……"惹得他哈哈大笑……自家做的驴打滚红豆馅可以任性地放，想放多少就放多少，只要能卷起来……

原料

黄豆面 50 克
糯米粉 160 克
水 170 克
红豆馅约 500 克

做法

1. 50 克黄豆面放在无油无水的锅中炒熟至微黄，凉透备用。

2. 160 克糯米粉放入盆中，加入 170 克水。

3. 将糯米粉和水搅匀。

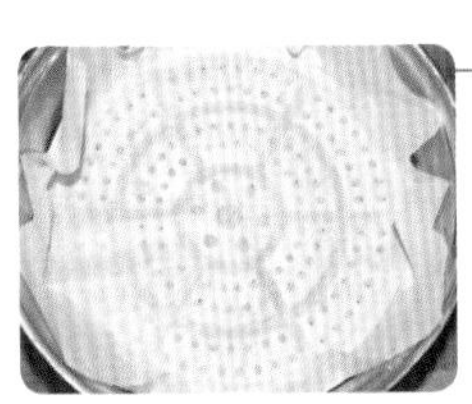

4. 蒸锅放足冷水，蒸屉上铺油纸，油纸上用牙签扎一些小孔。

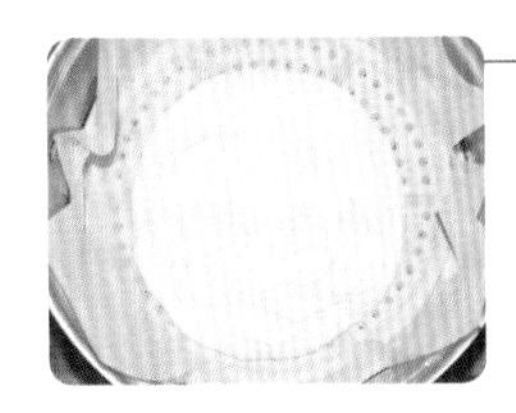

5. 把糯米糊倒在油纸上，摊平一些。

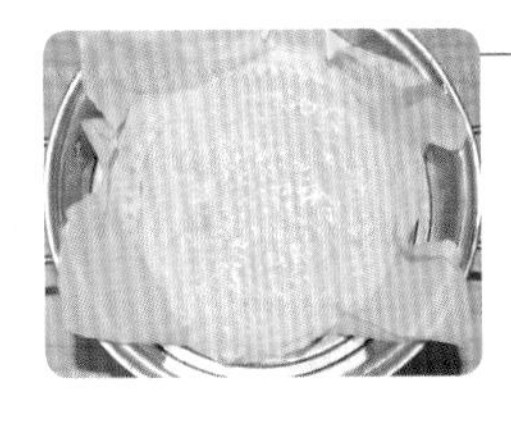

6. 盖好锅盖，大火烧开转中火，蒸 15 分钟。

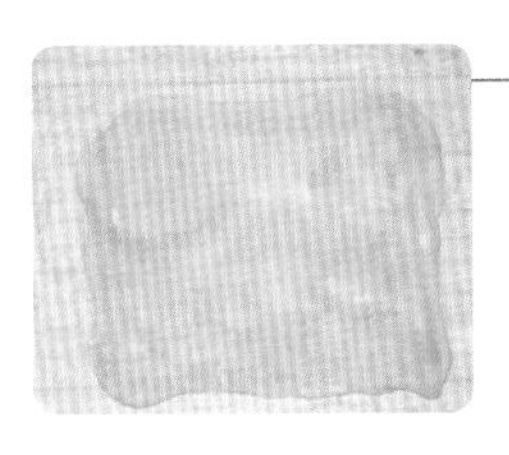

7. 案板上撒一层熟黄豆面，把蒸好的糯米面团趁热倒在熟黄豆面上，在糯米面团上面再撒一些熟黄豆粉，擀成大薄片。

8. 在面片上铺一层红豆馅。

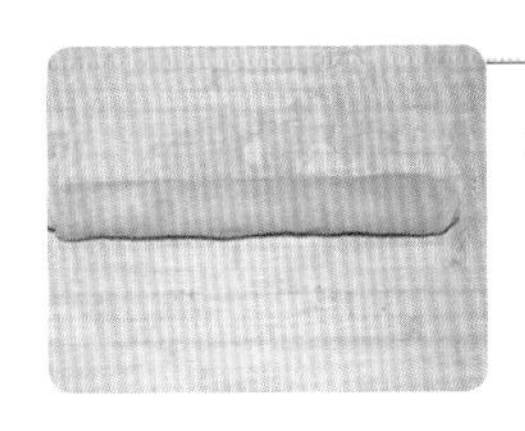

9. 卷起来，切块食之。

二狗妈妈碎碎念

1. 糯米粉的吸水性不一样，加水时要注意状态，搅成稠的糊糊状就可以了。
2. 我铺的红豆馅比较厚，如果不喜欢可以减少用量，铺薄一些就好。
3. 糯米类的食品请不要冰箱冷藏，会变硬影响口感，室温保存，24 小时吃完。
4. 黄豆面在超市杂粮区有售，也可以网购。

切糕

北京很多卖主食的小店里总会有用保鲜膜包好的一片一片的切糕卖，一片 2 元钱，我每[illegible]两片，后来才知道，原来做切糕这么简单……

原料

圆粒江米 400 克
红枣 250 克

做法

1. 400 克圆粒江米淘洗后，用水泡 5 小时以上。

2. 放入电饭锅，加水没过江米，水量高于米约 1 厘米。

3. 用电饭锅的煮饭程序把江米煮成米饭。

4. 煮饭的时候，把 250 克红枣放入小锅中。

5. 大火煮开后关火，盖好锅盖，等待米饭煮好后，把枣捞出，去核备用。

6. 把煮好的米饭趁热用擀面杖捣烂一些。

7. 容器内刷油，先铺一层米饭，抹平后铺一层枣肉。

8. 再铺一层米饭，抹平后再铺一层枣肉。

9. 最后铺一层米饭，抹平后表面盖一层保鲜膜，用手按压紧实，自然凉透后转冰箱冷藏至少 2 小时。

10. 把冷藏好的切糕倒扣出来，切片即可食用。

二狗妈妈**碎碎念**

1. 我用电饭锅做江米饭，比较简单，如果您没有电饭锅，也可以先把泡好的江米沥干水分，上锅蒸 15 分钟后加开水与米齐平，再蒸 25 分钟。当然，如果您蒸米饭，枣就可以放在蒸锅里一起蒸 15 分钟拿出来备用，就不用再像步骤 4、5 中煮枣了。
2. 可以在容器中先铺一层保鲜膜，保鲜膜要长一些，高于容器，再铺江米饭，这样更容易把切糕取出。
3. 冷藏时间长一些，定型会更好。切的时候刀要蘸水，每切一刀都要蘸一下再切，这样不会粘刀。
4. 喜欢吃甜一些的，可以蘸白糖吃，也可以用油把切糕煎成两面稍黄再食用。

糖不甩

这位糖不甩，和汤圆一定是兄弟，不同的是汤圆有馅，这位没馅。不过这位的由来可是很有意思呢。如果男方去女方家提亲，女方对男方满意，就会端上这位“糖不甩”，意思就是这门亲事“甩”不掉了，哈哈，那我得给宁宁做一碗这个，让她也甩不掉我这个“大蜜”！

原料

○糯米球：
糯米粉 100 克
温水 80 克

○干料：
花生碎 15 克
白芝麻 5 克
白糖 5 克
椰蓉 3 克

○糖水：
黄片糖 40 克
红糖 10 克
姜 2 片
水 150 克

做法

1. 100 克糯米粉倒入碗中，加入 80 克温水。

2. 将糯米粉和水揉成面团。

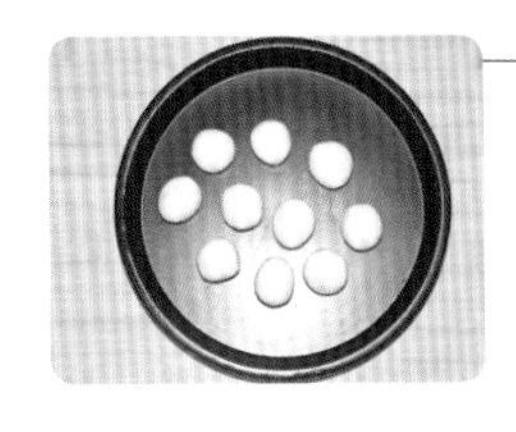

3. 面团分成 10 份，搓圆。

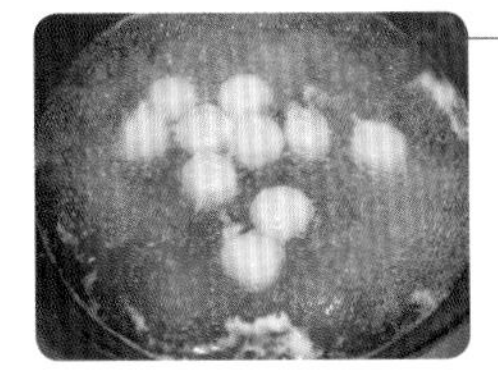

4. 锅内烧开水，下入糯米球，点 4 次冷水，直到糯米球浮起来，关火。

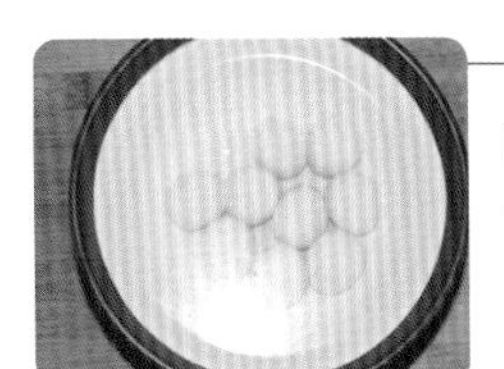

5. 把糯米球捞出放在冷水碗中，备用。

6. 现在我们来做干料：15 克花生碎、5 克白芝麻放入干锅中小火炒香，关火。

7. 倒入小碗中，加入 5 克白糖、3 克椰蓉。

8. 150 克水倒入小锅中，加入 40 克黄片糖、10 克红糖、2 片姜。

9. 煮至糖全部溶化后，把糯米球倒入锅中，煮约 3 分钟，糯米球上色后即可关火捞出，撒干料、浇糖汁即可食用。

二狗妈妈**碎碎念**

1. 温水的温度就是手伸进水中，觉得热但不烫手。

2. 糯米球别做太大，我做的大概 18 克一个，您也可以做得再小一些。

3. 点冷水的意思就是，每当水沸腾时，就加入 50 克左右的冷水，再沸腾再加冷水，这样进行 4 次后，糯米球就浮上水面，也就是煮熟了。

糖油粑粑

这款美味小吃是一个朋友告诉我的，她说小时候她姥姥常做给她吃，后来她长大以后，记不太清姥姥的做法了，她就自己琢磨的……

原料

○糯米糕：
水 180 克
糯米粉 200 克

○红糖料：
红糖 15 克　蜂蜜 5 克
白糖 10 克　温水 30 克

做法

1. 180克水倒入盆中，加入200克糯米粉。

2. 揉成面团，盖好静置20分钟。

3. 取一个小碗，放入15克红糖、10克白糖、5克蜂蜜。

4. 倒入30克温水搅匀备用。

5. 平底锅倒少许油备用。

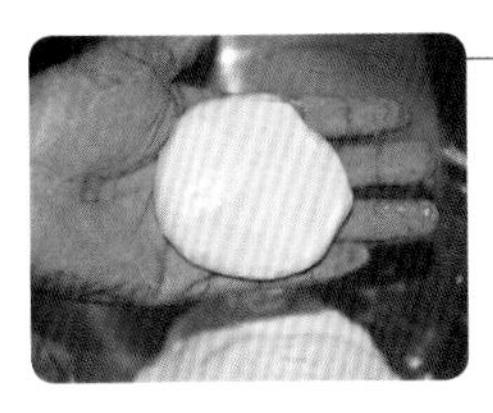
6. 取一块面团揉圆按扁，立即放进平底锅。

7. 一共做了6个，都放在平底锅里，开中小火。

8. 把糯米饼慢慢煎至两面金黄。

9. 把红糖料倒入锅中。

10. 开大火，把糯米饼两面挂满糖料即可关火出锅。

二狗妈妈碎碎念

1. 糯米饼的大小随自己喜欢，可以更小一些，最好是两三口吃完一个。
2. 喜欢吃更甜一些的，可以增加白糖用量。
3. 趁热吃口感更好。

五仁元宵

汤圆和元宵是孪生兄弟，不过人家穿衣服的方式不一样，一个是从外往里穿，一个是从里往外穿哟……

原料

○五仁馅：

熟花生仁 50 克
熟核桃仁 50 克
熟瓜子仁 30 克
熟白芝麻 20 克
葡萄干 30 克
白糖 60 克
糖桂花 50 克
猪油 50 克
熟面粉 20 克

糯米粉约 1000 克

做法

1. 准备好 50 克熟花生仁、50 克熟核桃仁、30 克熟瓜子仁、20 克熟白芝麻、30 克葡萄干。

2. 用料理机将馅料打碎。

3. 将果仁馅料加入 60 克糖、50 克糖桂花、50 克猪油、20 克熟面粉。

4. 面粉与果仁抓匀。

5. 分成 10 克一个的小球，放冰箱冷冻 30 分钟。

6. 准备好一盆水，再准备好一个碗，里面放入 200 克左右的糯米粉。

7. 取几颗馅放在笊篱上，快速在水盆中过一下。

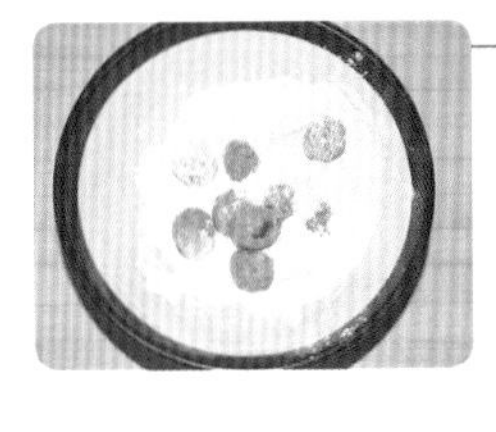

8. 立即放入糯米粉中，晃动碗，让馅均匀地裹上一层糯米粉。

9. 再把裹了一层糯米粉的馅放在笊篱上，再快速地过一下水。

10. 再在糯米粉碗中晃匀，重复过水晃粉的步骤，一直到想要的大小，依次做好所有元宵。

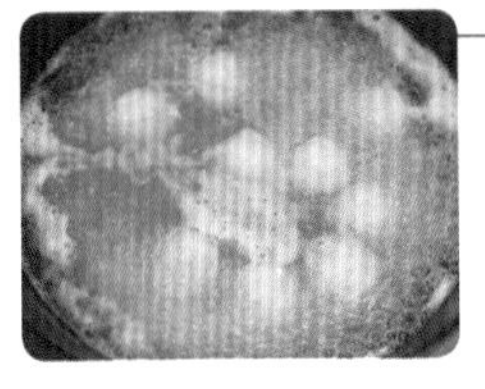

11. 水开后把元宵下锅，点 3 次冷水，一直到元宵浮起来就可以关火出锅啦。

二狗妈妈**碎碎念**

1. 干果可以用您喜欢的干果替换，打碎的时候不要打得特别碎，有点颗粒感会更好吃。

2. 猪油可以用黄油替换，不能用植物油哟。

3. 糯米粉的用量只是个参考，不要一次性把糯米粉全部倒入大碗，因为过水后的馅会有水滴落在糯米粉上，次数多了，会有一些糯米粉没办法用，所以用完一些再倒入一些比较好。

黏豆包

我和先生都爱吃黏豆包，经常网购一些回来吃，有的时候买的味道不错，有的时候就会遇到口感不太好的，先生说，不就是黄米面包豆馅嘛，咱自己做吧！好嘞，你长得好看，你说啥都对，我赶紧做一锅吧……

原料

豆包皮：
温水 320 克
黄米面 420 克
玉米面 40 克
中筋粉 40 克
酵母 4 克

豆馅：
红芸豆 500 克
白糖 60 克
糖桂花 30 克

做法

1. 500 克红芸豆淘洗干净后用清水浸泡至少 8 小时。

2. 放入锅中，加水没过红芸豆约 1 厘米。

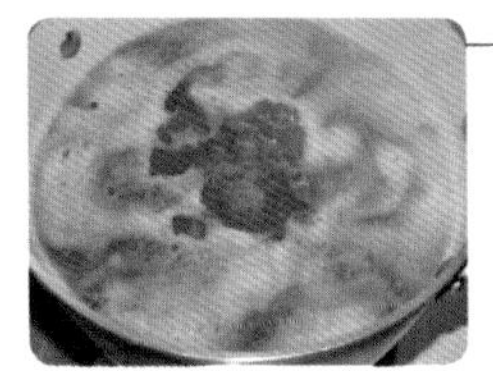

3. 大火烧开，撇去浮沫后转小火，煮 90 分钟至豆子软烂（或者放入电压力锅，设置一个蹄筋程序即可）。

4. 把豆子沥干水分，倒入盆中，趁热加入 60 克白糖、30 克糖桂花，搅拌均匀。

5. 待馅料不烫手时可用手抓匀。

6. 将馅料分成 25 克一个的小球备用。

7. 320 克温水加 4 克酵母搅匀。

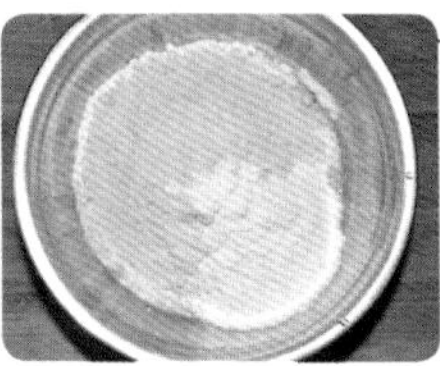

8. 在水中加入 420 克黄米面、40 克玉米面、40 克中筋粉。

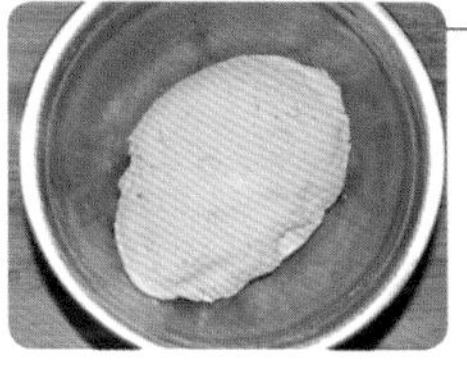

9. 将面粉揉成面团后盖好静置 1 小时。

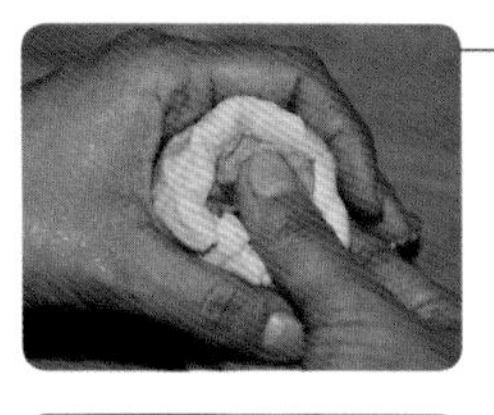

10. 揪一块面团（约 40 克），按扁，包入一颗豆馅，用左手虎口收，右手按住馅。

11. 捏紧收口，将面团揉圆。

12. 蒸锅放足冷水，蒸屉铺油纸，油纸上扎一些孔，把生坯码在屉上，大火烧开转中火，蒸 15 分钟。凉透后再出锅。

二狗妈妈碎碎念

1. 此款豆包最好用红芸豆做馅，如果买不到，可以用红豆替换。豆馅我做的量比较大，用不完可用保鲜袋装好，冷冻保存，两周用完。
2. 我为了降低黄米面的黏度，添加了玉米面和中筋粉，如果不喜欢，可以用纯黄米面。
3. 一定要等到凉透再出锅，黏豆包在热的时候非常黏软，不好拿出来。

南瓜饼

芝麻的香气、糯米的软糯、红豆馅的甜，融合在一起，味道简直不要太好……

原料

去皮去瓤的南瓜 300 克
糯米粉 300 克
玉米油 10 克
红豆馅 320 克
白芝麻约 80 克

做法

1. 300 克去皮去瓤的南瓜切片，放入盘中。

2. 蒸锅上汽后，把南瓜放入蒸锅，大火蒸 10 分钟。

3. 趁热将南瓜碾成泥。

4. 在南瓜泥中，加入 300 克糯米粉。

5. 凉至不烫手的时候将南瓜泥和面粉揉成面团，再加入 10 克玉米油揉匀。

6. 准备好 16 颗红豆馅，每个约 20 克重。

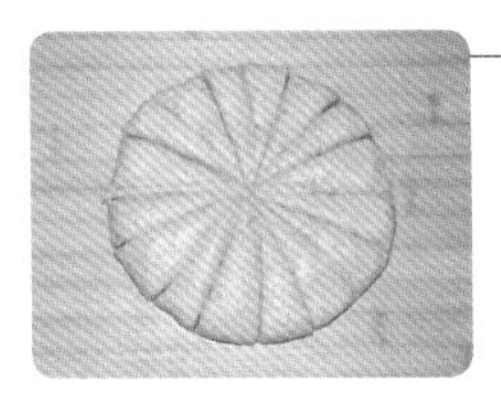

7. 把南瓜面团平均分成 16 份。

8. 手上抹油，取一份南瓜面团，揉圆按扁，包入一颗红豆馅。

9. 包了馅的南瓜面团捏紧收口，搓圆。

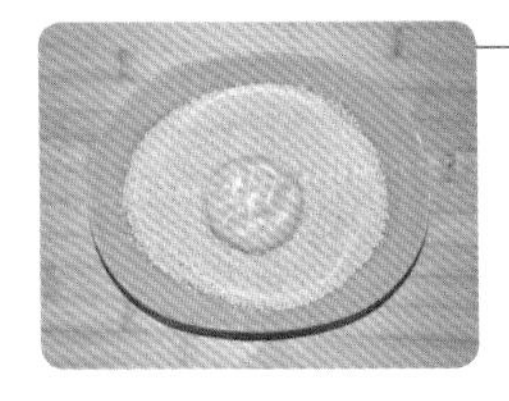

10. 放入白芝麻盘中按扁，双面都蘸满芝麻，依次做好 16 个。

11. 平底锅放入多一些的油，把南瓜饼放入锅中，中火煎至双面金黄即可出锅。

二狗妈妈碎碎念

1. 南瓜的含水量不同，一定要慢慢加入糯米粉。我蒸好的南瓜泥没有去掉盘子中的水，所以糯米粉用量比较大。
2. 红豆馅可以换成您喜欢的其他馅料。
3. 煎的时候油量大一些，火候不要太大，中火即可。

鲜芋仙

做好两碗鲜芋仙，我放冰箱冷藏了 2 小时，再拿出来吃的感觉太爽了！弹糯、冰凉，又伴着蜜豆的香甜……太好吃了……我好像和先生又回到了谈恋爱时的青葱岁月……

原料

紫薯泥 200 克
南瓜泥 200 克
芋头泥 200 克
木薯粉 420 克
水 50 克
牛奶适量
蜜红豆适量

做法

1. 把紫薯、芋头、南瓜上蒸锅蒸熟。

2. 蒸好的食材各取200克放入碗中。

3. 紫薯泥中加入100克木薯粉、30克水；南瓜泥中加入220克木薯粉；芋头泥中加入100克木薯粉、20克水。

4. 将3种食材分别揉成面团。

5. 再把每种面团都搓长，大概无名指粗细，切成1.5厘米的小段。

6. 全部做好后码放在平盘上，留出当天吃的量后，平盘中的芋圆放入冰箱冷冻保存。

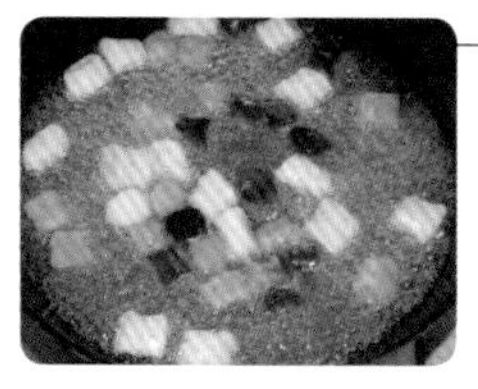

7. 大火烧开足量的水，把芋圆下入锅中，点2次冷水，待芋圆都浮起来后，先把紫薯和芋头的芋圆捞出，南瓜芋圆再多煮2分钟。

8. 捞出的芋圆立即放入冷水中。

9. 芋圆从冷水捞出后放入碗中，倒入牛奶、蜜红豆即可食用。

二狗妈妈**碎碎念**

1. 紫薯、芋头和南瓜提前蒸透，用筷子轻易插透即可。
2. 紫薯、芋头、南瓜的含水量不同，加入水的量要稍有调整，只要能揉成团即可。
3. 南瓜泥中加入的木薯粉量大，所以要多煮2分钟。
4. 最后的牛奶、蜜豆量根据您的喜好来自由添加。

甑糕

《那年花开月正圆》的热播，一下子就把这道吃食推到大家面前，看着周莹吃的时候那个满足，不行，咱们必须做起来！我也要来一大块！

原料

红芸豆 150 克
糯米 760 克
大红枣 500 克

做法

1. 150 克红芸豆用清水浸泡 24 小时。

2. 760 克糯米用清水浸泡 6 小时。

3. 蒸锅放足冷水，把 500 克大红枣放入蒸锅，大火烧开后转中火，蒸 15 分钟。

4. 把蒸好的枣去核备用。

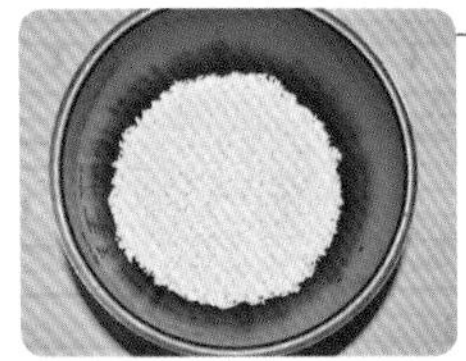

5. 电压力锅内胆底部铺一层糯米。

6. 再铺一层枣肉。

7. 盖一层糯米。

8. 把红芸豆全部铺上去。

9. 再铺一层糯米。

10. 把枣肉全部铺上去，加水刚刚没过枣肉，放入电压力锅，启动两次“蹄筋”程序。

11. 出锅后，趁热把表面的大枣抹平，吃的时候用长的铲子铲到盘中即可食用。

二狗妈妈**碎碎念**

1. 没有红芸豆，那就用红豆吧。
2. 如果不追求正宗，可以在红芸豆中夹一些葡萄干。
3. 加入的水量一定不能过多，只要刚好没过枣肉即可。
4. 没有电压力锅，用普通蒸锅要蒸 3 小时以上，据说正宗的甑糕要蒸一宿呢！

重阳糕

10月28日，九月初九重阳节，我午休起来，已经是下午4点多了，北京大风，天很蓝……老公正在墩地，电视里正在演一个美食节目，主持人正在讲重阳节应该吃什么……呀，重阳节啦！我立即起身，碎步移至厨房，做了这款重阳糕……有的时候，生活应该有点仪式感嘛！

原料

粘米粉 200 克
糯米粉 100 克
白糖 40 克
玉米油 20 克
水 150 克
红豆馅 300 克
糖桂花 20 克
大枣、葡萄干、核桃仁适量

做法

1. 200 克粘米粉、100 克糯米粉放入盆中。

2. 盆中加入 40 克白糖、20 克玉米油、150 克水。

3. 用手将盆中的食材搓细。

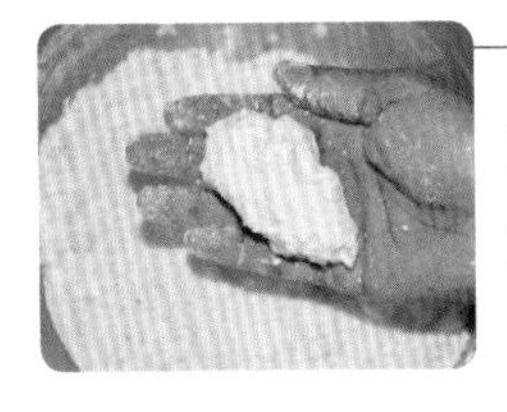

4. 干湿程度以攥起来可以成团，再一碰它就散开的程度。

5. 将盆中粉类全部过筛。

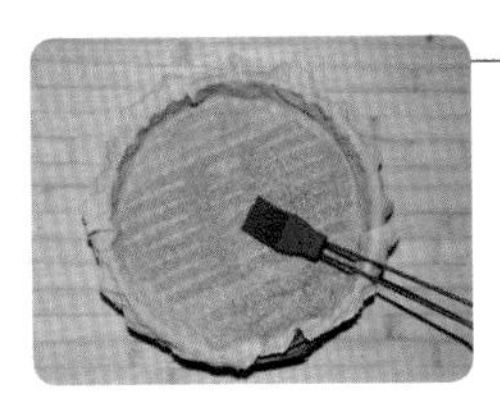

6. 直径 22 厘米的竹屉铺湿屉布，在屉布上刷油。

7. 倒入一半粉类后，放入已经上汽的蒸锅，大火蒸 8 分钟。

8. 取出竹屉，在粉类上铺一层红豆馅（约 300 克），再淋一些糖桂花（约 20 克）。

9. 把另外一半粉类倒进蒸屉，抹平。

10. 码放自己喜欢的干果，再上锅蒸 30 分钟即可出锅。

二狗妈妈**碎碎念**

1. 粘米粉就是大米粉，也叫灿米粉。
2. 糖桂花的量看您喜欢，我觉得放一些提香气，很好吃，如果没有，可以不放。
3. 加入的水量一定不能多，要看步骤 4 图的状态，就是用手可以攥成团，但一碰就能散开的状态。
4. 过筛可以使口感更细腻，如果嫌麻烦，可以省略这一步骤，不过做出来的口感略粗糙。

萝卜糕

原料

去皮后的白萝卜 800 克
干海米 50 克
干香菇 15 克
广式腊肠 200 克
香葱碎 30 克
盐 6 克
植物油 50 克
水 200 克

● 粘米粉糊：
粘米粉 400 克
水 440 克

吃萝卜顺气，吃萝卜排毒，那是不是吃萝卜可以减肥呢？

做法

1. 将 800 克去皮白萝卜擦成粗丝备用。

2. 取一个大碗，400 克粘米粉倒入碗中，加入 440 克水搅成糊备用。

3. 准备好 30 克香葱碎，50 克干海米泡好后切碎，15 克干香菇泡发后切碎。

4. 再准备 200 克广式腊肠丁（或者是腊肉丁）。

5. 大火烧热炒锅，锅中倒入 40 克左右植物油，下入香葱碎炒香。

6. 把海米碎、香菇碎、腊肠丁都倒入锅中，翻炒出香味。

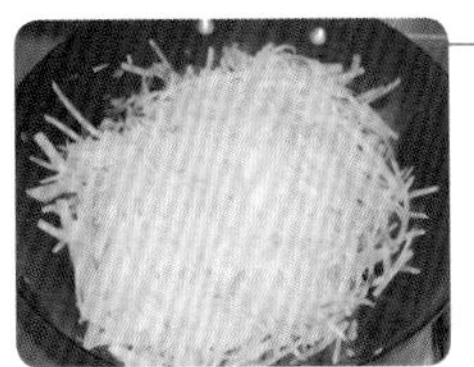

7. 把萝卜丝倒入锅中，不停翻炒至萝卜变软。

8. 倒入 200 克水，加入 6 克盐，盖好锅盖，煮 5 分钟。

9. 把粘米粉糊搅匀后倒入锅中，迅速翻炒。

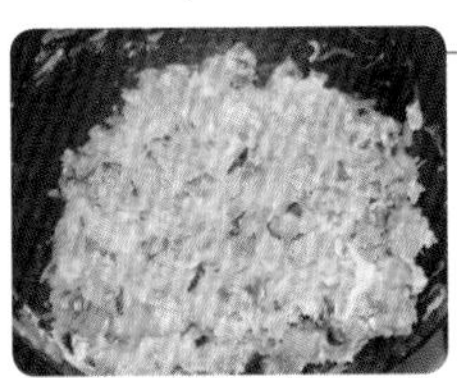

10. 看到锅中的粉糊炒到比较黏稠的状态就关火。

11. 边长 20 厘米的硅胶模具抹油后，把萝卜丝都倒入模具，用硅胶铲按压紧实。

12. 蒸锅放足冷水，把模具放入锅中，表面最好盖一层保鲜膜，盖好锅盖，大火烧开转中小火，蒸足 60 分钟。

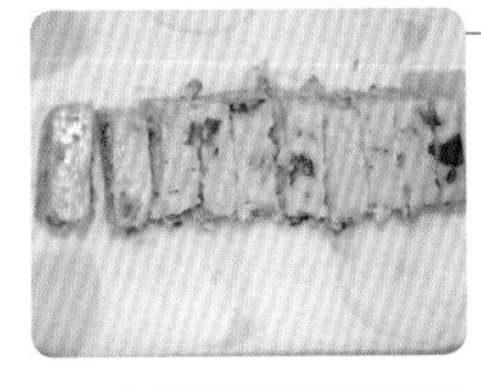

13. 凉透的萝卜糕按自己喜好切厚片。

14. 不粘平底锅大火烧热，放入 10 克左右植物油，把萝卜糕放入锅中，中火煎至两面金黄即可关火，出锅，撒少许香葱碎点缀。

二狗妈妈**碎碎念**

1. 广式腊肠可以换成腊肉，那炒制的时候油就可以少放一些，因为腊肉的肥肉部分会出油。
2. 粘米粉的吸水性不一样，水的量要根据情况稍作调整，调成的糊不浓稠且有流动性即可。
3. 如果喜欢，还可以加入干贝丝，味道会更鲜。
4. 模具不一定和我的规格一样，看自家现有的模具有哪些，一定要抹油防粘。
5. 我做的量稍大，如果家中人口少，可以减半。

叶儿粑

先生喜欢吃一切黏糯的食品，做这款小吃的时候，他不时地过来视察一下我的工作进度，并且告诉我说，也可以弄成甜馅，还能包红豆馅……是的呢，馅的选择随您哟……

原料

面皮：
糯米粉 150 克
粘米粉 50 克
开水 50 克
冷水 100 克

芽菜肉馅：
碎米芽菜 80 克
猪肉馅 150 克
香葱碎 20 克
白胡椒粉 1 克
白糖 10 克
香油 3 克
植物油 30 克

其他：
新鲜粽叶 3 张

做法

1. 150 克糯米粉、50 克粘米粉放入盆中，加入 50 克开水。

2. 在盆中迅速搅匀后再加入 100 克冷水。

3. 将盆中食材搅匀后揉成面团，盖好备用。

4. 准备好 80 克碎米芽菜、150 克猪肉馅、20 克香葱碎。

5. 大火烧热不粘锅，倒入 30 克植物油，把香葱碎放入锅中炒香。

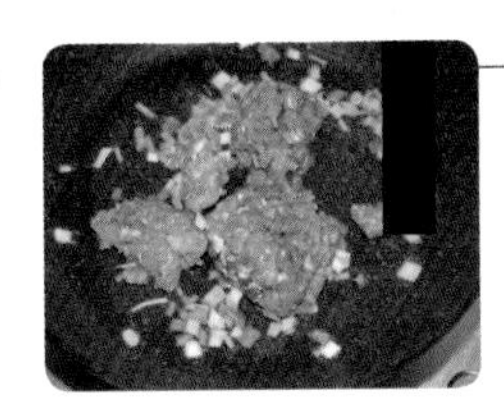

6. 把肉馅放锅中，加入 1 克白胡椒粉。

7. 将锅中的食材不停翻炒，把肉馅炒熟后，倒入碎米芽菜，加入 10 克白糖。

8. 翻炒均匀后关火，倒入 3 克香油拌匀备用。

二狗妈妈碎碎念

1. 叶儿粑的叶子可以用苏子叶、桑叶、柚子叶等，看您购买什么方便就用什么吧。

2. 包入馅料不要过多，不然不容易捏紧收口。

3. 因为芽菜比较咸，所以没有再放盐，并且用白糖调整了一下口感。

4. 码放在蒸屉中尽量紧密一些，是为了蒸好后更有型，不会塌。

5. 在蒸制的过程中，揭开锅盖3次，是为了让冷气进入，糯米皮更弹更容易保持形状。

9. 把3张新鲜粽叶清洗干净，剪成宽约5厘米的片，在光滑的一面抹油备用。

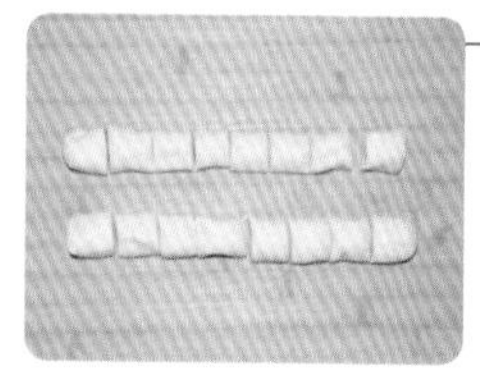

10. 把面团放案板上搓长，分成16份。

11. 取一块面团按扁，放入芽菜肉馅。

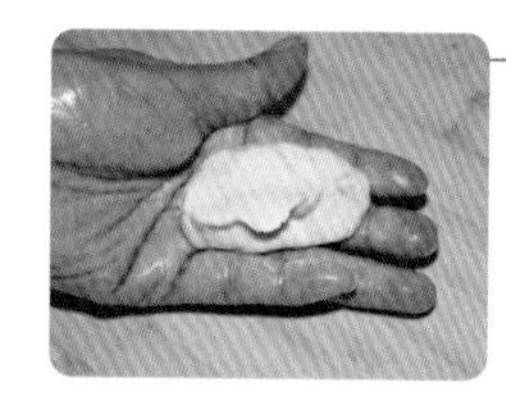

12. 将面团对折，捏紧收口。

13. 将收口朝下，放在粽叶上，用手整成长圆形。

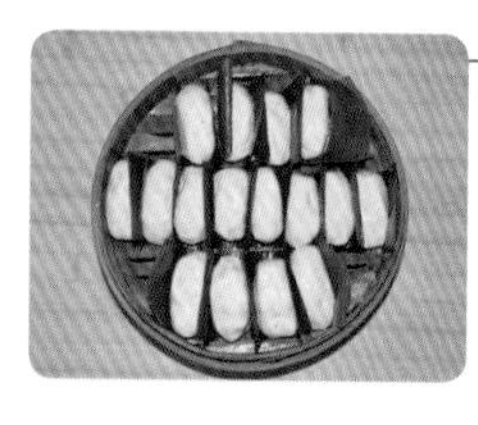

14. 将粽叶和面团码放在蒸屉中，尽量码放得紧密一些。

15. 蒸锅放足冷水，大火烧开，把蒸屉放进蒸锅，盖好锅盖，大火蒸10分钟，中间分3次揭开锅盖，开盖2秒钟迅速盖好锅盖。

三鲜豆皮

有一次去武汉出差，三鲜豆皮就给我留下了很深的印象……虽然咱没人家做得好，但味道也是不错的哟……

原料

圆粒江米 150 克
干香菇 15 克
豆腐干丁 50 克
笋丁 50 克
猪肉丁 120 克
生抽 10 克
淀粉 5 克
葱花 20 克
植物油 20 克
姜末 10 克
榨菜丁 20 克
蚝油 50 克
鸡蛋 2 个
中筋粉 25 克
绿豆粉 10 克
水 80 克
香葱碎少许

做法

1. 150 克圆粒江米淘洗后，用水泡至少 3 小时。

2. 放入电饭锅，水量刚刚没过糯米即可。

3. 用电饭锅煮饭程序把糯米做成糯米饭。

4. 15 克干香菇泡发。

5. 香菇攥干水分切丁，再准备好 50 克豆腐干丁、120 克猪肉丁、50 克笋丁。

6. 猪肉丁放入碗中，加入 10 克生抽、5 克淀粉抓匀备用。

7. 准备好 20 克葱花、10 克姜末、20 克榨菜丁。

8. 大火烧热炒锅，放入 20 克植物油，倒入葱花、姜末炒出香味，把猪肉丁放入锅中。

9. 把肉丁炒到变色后，把香菇丁、豆腐干丁、笋丁倒入锅中。

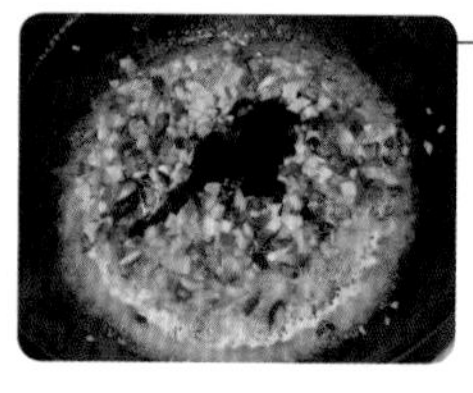

10. 在锅中加入泡香菇的水，没过食材，加入 50 克蚝油。

11. 不停翻炒锅内食材，一直到汤汁变少，但又没有完全收干的时候，关火，倒入榨菜丁，拌匀即可。

12. 准备好 2 个鸡蛋，再准备好 1 个碗，将 25 克中筋粉、10 克绿豆粉放入碗中，加 80 克水搅匀。

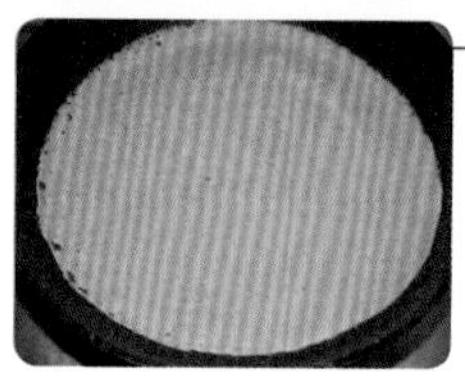

13. 不粘平底锅抹少许油，开小火，把面糊倒入，铺满锅底，等面糊凝固。

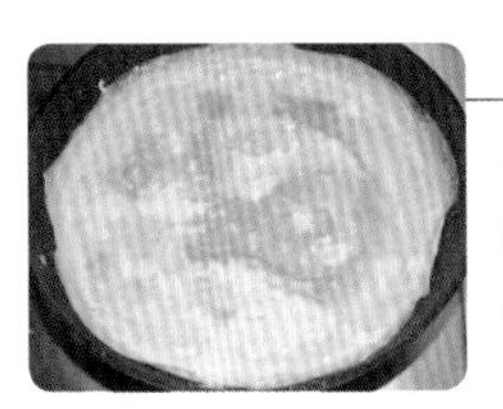

14. 把2个鸡蛋打散，倒在面皮上，铺满面皮。

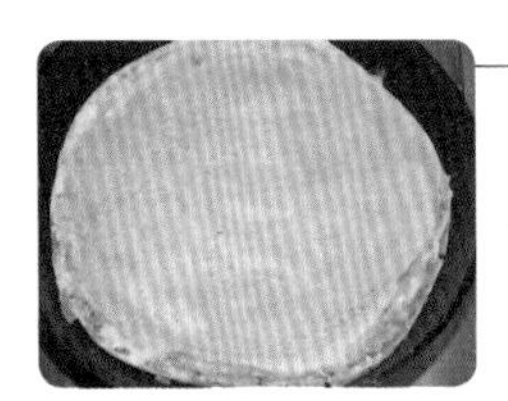

15. 待鸡蛋凝固后，关火，翻面。

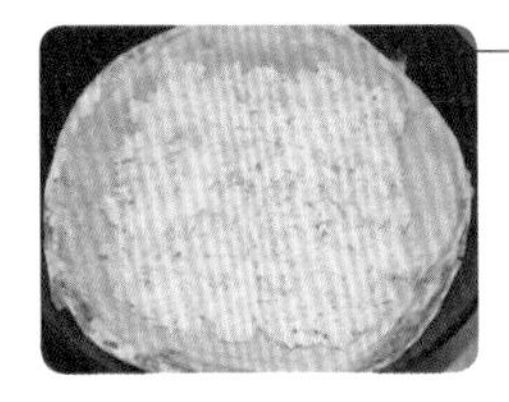

16. 把糯米饭铺在面皮上。

17. 再把炒好的菜铺在糯米饭上，压实。

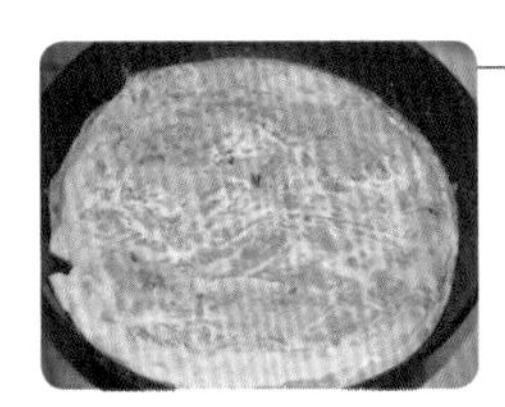

18. 借助一个大盘，翻面，开大火，煎3分钟即可关火，切块，撒香葱碎装饰即可食用。

二狗妈妈碎碎念

1. 猪肉丁选用稍有一些肥的会比较香，泡香菇的水用来炖食材更好吃。
2. 绿豆粉可以用其他杂粮粉替换，实在没有就直接用中筋粉即可。
3. 翻面的时候，我用了一个大盘子扣在锅中，把锅扣到盘子上后，再把盘子中的三鲜豆皮滑入锅中即可。

心太软

“你总是心太软，心太软，把所有问题都自己扛……”每次吃这款小吃，我总会情不自禁唱出这首歌……

原料

长约 5 厘米的大红枣 12 颗
糯米粉 50 克
温水 35 克

○ 糖浆：
水 35 克
白糖 25 克

做法

1. 12 颗长约 5 厘米的大红枣用水浸泡 1 小时。

2. 50 克糯米粉加 35 克温水揉成面团，盖好，静置 30 分钟。

3. 把泡好的枣用小刀从中间往下切，切到枣核就用小刀贴着枣核转。

4. 一直到把枣核挖出来，依次把 12 颗大枣去核备用。

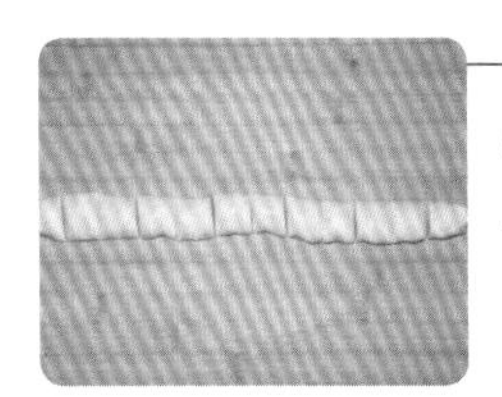

5. 糯米面团揉圆，分成 12 份。

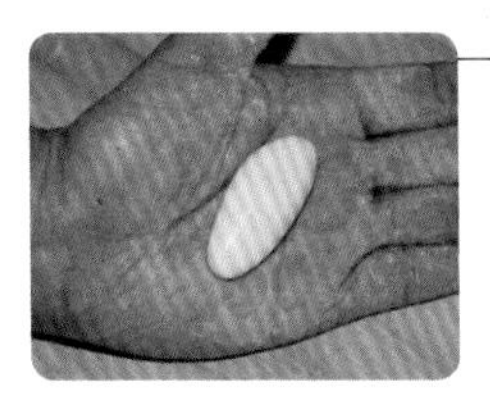

6. 取一份糯米面团，搓成枣核状。

7. 把糯米条塞进大枣中，依次做好 12 颗红枣。

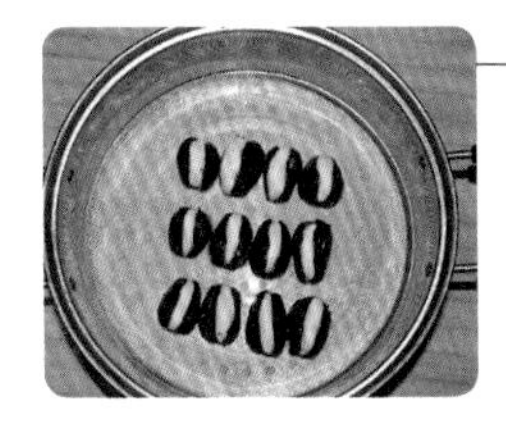

8. 码放在蒸屉上，冷水上锅，开锅后中火蒸 15 分钟。

9. 把蒸好的糯米枣码放在盘中。

10. 35 克水倒入小锅，加入 25 克白糖。

11. 大火煮开转中火，煮约 1 分钟关火。

12. 浇在糯米枣上，即可食用。

二狗妈妈**碎碎念**

1. 糯米粉的吸水性不一样，要慢慢加入液体后再混合。
2. 大红枣的核，用小刀贴着枣核一点一点剥离。
3. 最后浇的糖浆可放可不放，如果嫌麻烦，可以直接淋糖桂花或者蜂蜜。

提起酥皮类点心，那要说的可太多太多啦，蛋黄酥、枣花酥、老婆饼……每一样提到，我都会流口水。

本章节中收录到的8种美味小吃，酥皮用到的油有猪油、黄油和植物油，开酥方法有大包酥和小包酥，您可以按照自己的喜好进行自由组合，比如说您可以用蛋黄酥的皮，包枣花酥的馅，也可以用老婆饼的开酥方法制作玫瑰鲜花饼，这些都可以灵活应用。如果发现同样的酥皮在不同的馅料上用的量稍有不同，那是因为考虑到馅料的多少和含水量稍作的调整，不要太纠结此事哟……

04 CHAPTER

层层起酥的美味小吃

椒盐牛舌饼

有点咸味的点心吃起来总是不腻，加上芝麻和花生的香，还有一点点花椒的麻，我一口气吃了5个！这款点心是在2017年11月11日与海氏洋洋一同直播时做的，做好后分给海氏的小伙伴们吃，都说好吃呢！

原料

○ 水油皮面团：
水 75 克
玉米油 40 克
中筋粉 160 克
盐 2 克

○ 油酥面团：
低筋粉 120 克
玉米油 50 克

○ 椒盐芝麻花生馅：
熟中筋粉 50 克
熟糯米粉 50 克
熟黑芝麻粉 30 克
熟花生碎 30 克
玉米油 65 克
白糖 30 克
花椒粉 2 克
盐 3 克

○ 表面装饰：
蛋黄液适量
白芝麻适量

做法

1. 50 克熟中筋粉、50 克熟糯米粉放入碗中，加入 30 克熟黑芝麻粉、30 克熟花生碎。

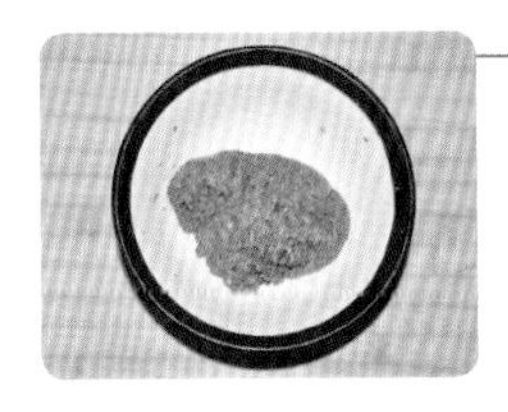

2. 再加入 65 克玉米油、30 克白糖、2 克花椒粉、3 克盐混合均匀。

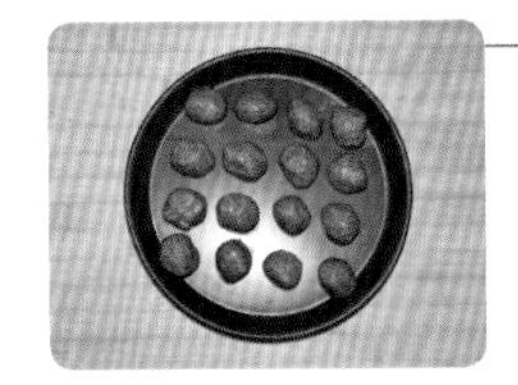

3. 将馅平均分成 16 份备用。

4. 将 75 克水、40 克玉米油、160 克中筋粉、2 克盐放入面包机内桶。

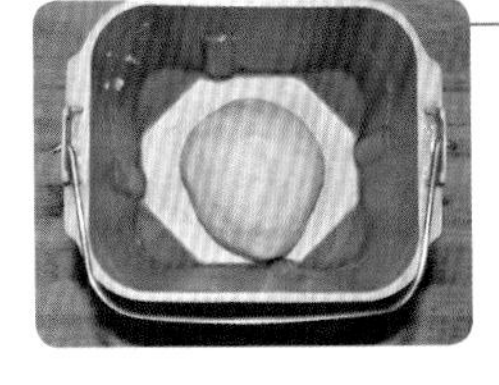

5. 启动“和面”程序，定时 20 分钟，这是水油皮面团，盖好，静置 20 分钟。

6. 取一个大碗，放入 120 克低筋粉，50 克玉米油，将原料抓匀备用，这是油酥面团。

7. 把水油皮面团擀开，包入油酥面团。

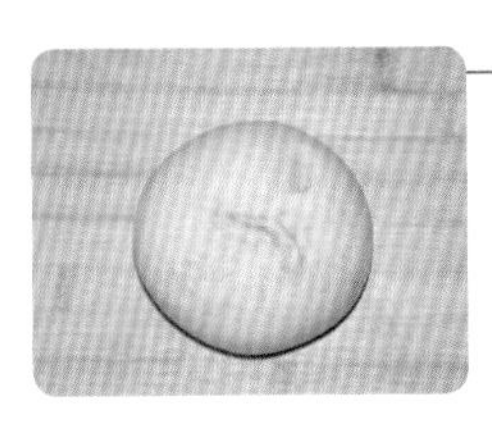

8. 将面团的收口捏紧。

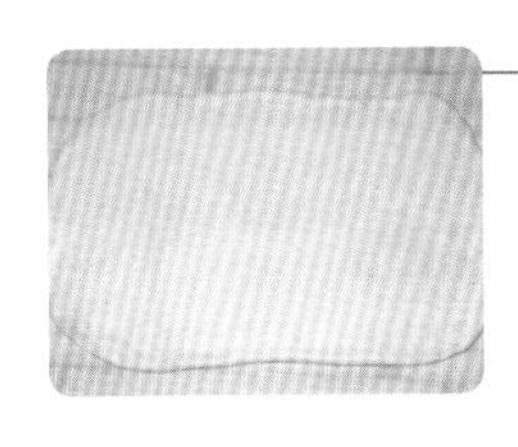

9. 将面团慢慢按扁后擀开，成长方形。

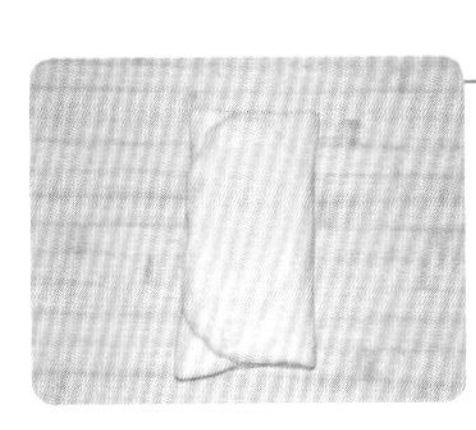

10. 左右往中间折起来。

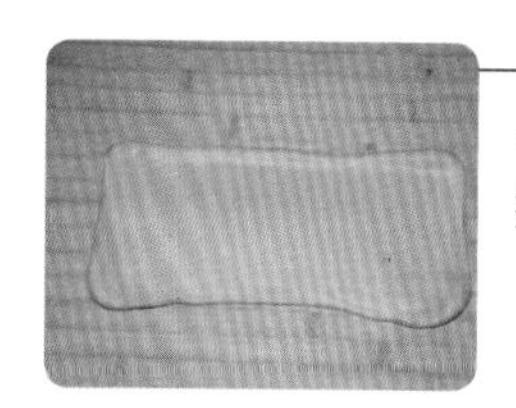

11. 把面片横过来，再擀长。

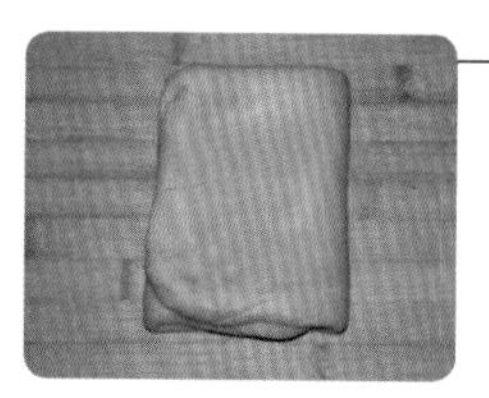

12. 再把面片左右往中间折起来，盖好，静置 15 分钟。

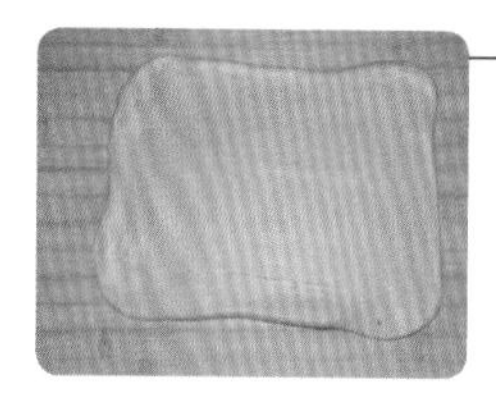

13. 再将面团擀成薄的大方片。

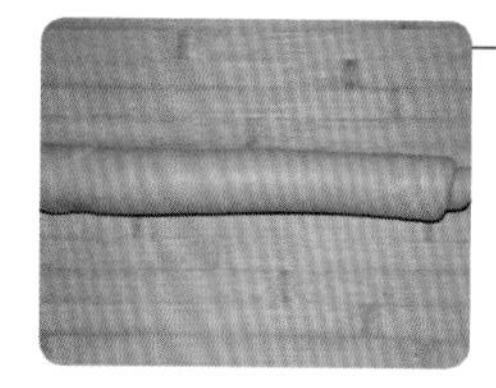

14. 卷起面片。

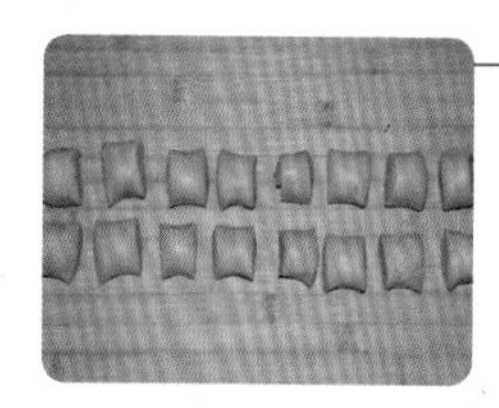

15. 将面卷切成 16 份。

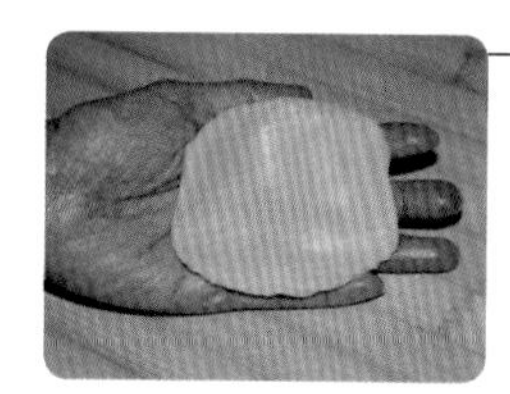

16. 将每一份卷边的收口朝上，擀成薄片，刷一层蛋清。

17. 把馅搓长一些放在皮上，对折，捏紧收口，收口朝下，稍擀。

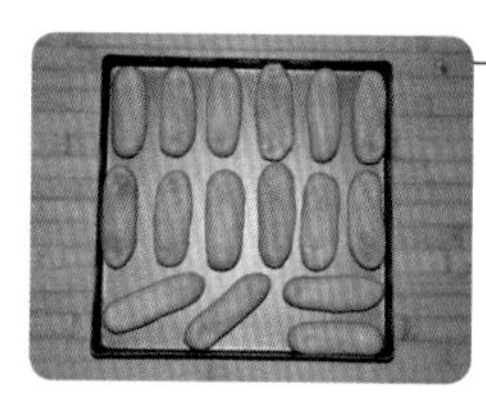

18. 依次做好 16 个，码放在不粘烤盘上。

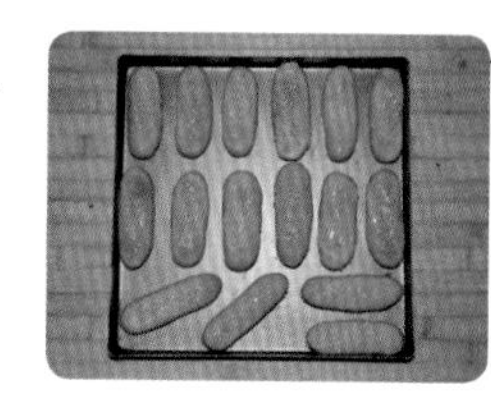

19. 表面用牙签扎几个小孔后刷蛋黄液，撒白芝麻。

20. 送入预热好的烤箱，中下层，上下火，180 摄氏度烘烤 30 分钟，上色后及时加盖锡纸。

二狗妈妈碎碎念

1. 黑芝麻粉和花生碎可以用您喜欢的坚果碎替换，不过我个人觉得这两款组合起来更好吃。
2. 这款点心用的是大包酥的手法，注意在擀的时候不要太用力压，如果觉得面团不容易推开，就盖好静置一会儿再擀。
3. 步骤 16 刷蛋清是为了包馅后捏合得更紧密，不可省略。
4. 具体操作手法大家可以去“一直播”中看 2017 年 11 月 11 日的直播视频。

枣花酥

熬制枣泥的时候，看到飞溅的壮观景象，我跟先生说：“这里太危险，你别进来哈！”结果呢，人家离得八丈远，把手中的果皮丢给我，让我扔到厨房垃圾桶……哎哟……你咋不想想这么危险，你媳妇儿还在里面呢！

原料

○ 水油皮面团：
水 65 克
无盐黄油 35 克
中筋粉 140 克
白糖 15 克

○ 油酥面团：
低筋粉 100 克
无盐黄油 55 克

○ 枣泥馅：
红枣 500 克
水 700 克
玉米油 180 克
熟糯米粉 100 克

做法

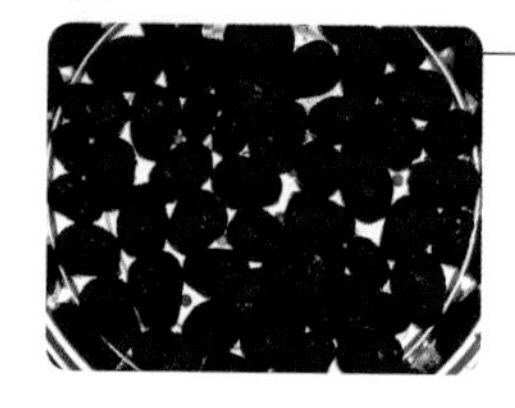

1. 500 克大枣洗干净后放入蒸锅，中火蒸 30 分钟。

2. 把蒸好的枣去核备用。

3. 把枣肉放入料理机，加入 700 克水。

4. 将枣肉打成泥状，倒入不粘炒锅中，先加入 30 克玉米油。

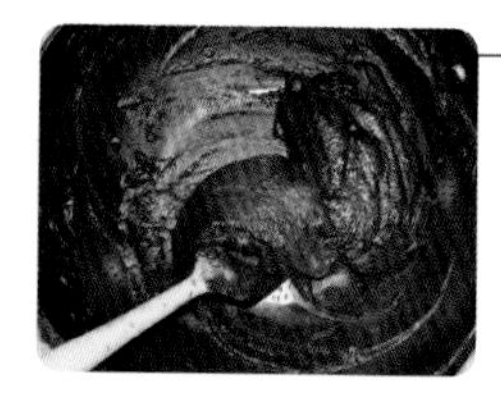

5. 中火炒制，其间分 3~5 次再加入 150 克玉米油，一直炒到非常黏稠的状态，关火。

6. 加入 100 克熟糯米粉，翻拌均匀。

7. 馅料一定要凉透。

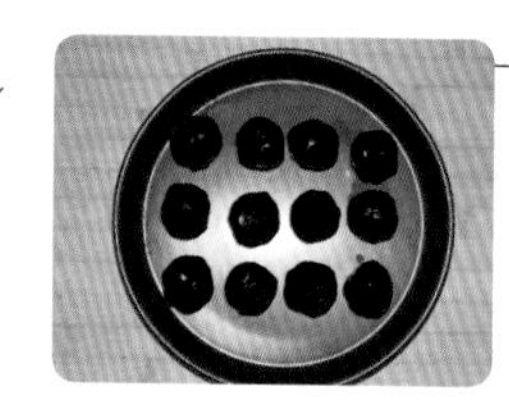

8. 把枣泥馅分出来 12 个 30 克的球，备用。

9. 65 克水、35 克无盐黄油、140 克中筋粉、15 克白糖放入面包机内桶。

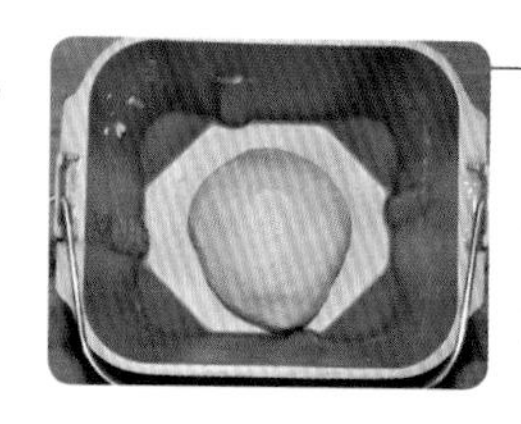

10. 启动“和面”程序，定时 20 分钟，这是水油皮面团，盖好静置 20 分钟。

11. 取一个大碗，放入100克低筋粉，55克无盐黄油，抓匀备用，这是油酥面团。

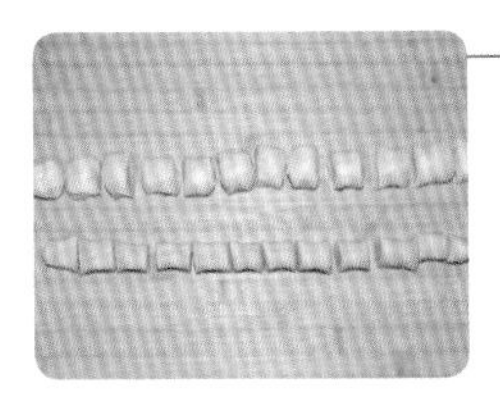

12. 把水油皮面团和油酥面团都分成12份。

13. 取一块水油皮面团按扁，包入一个油酥面团。

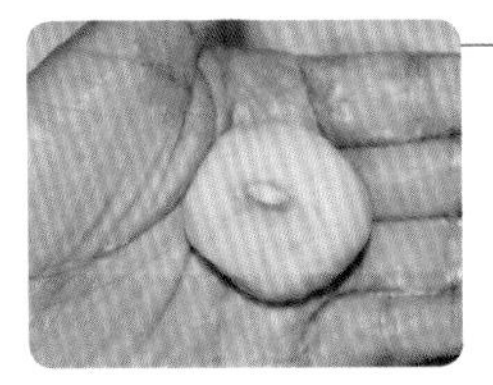

14. 用虎口慢慢把水油皮往上收，包住油酥面团，捏紧收口，依次做好12个。

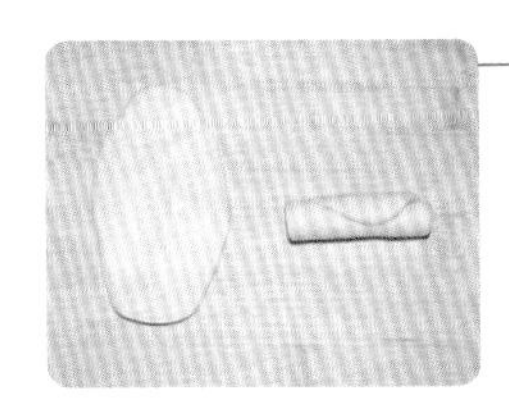

15. 取一个面团，收口朝上，擀长，卷起来，依次做好12个。

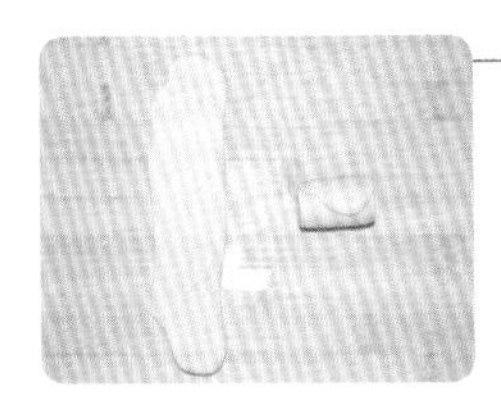

16. 取一个面团，收口朝上，再次擀长，卷起来，依次做好12个。

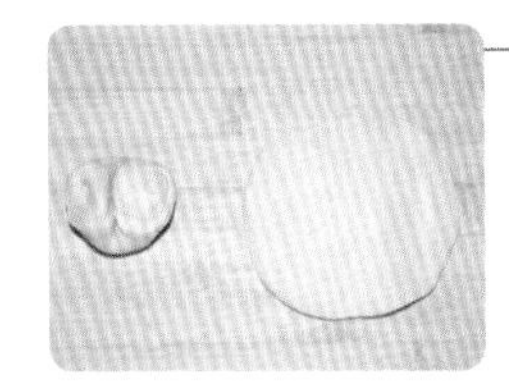

17. 取一个面团，收口朝上，中间压下去，把两端往中间收，按扁后擀圆。

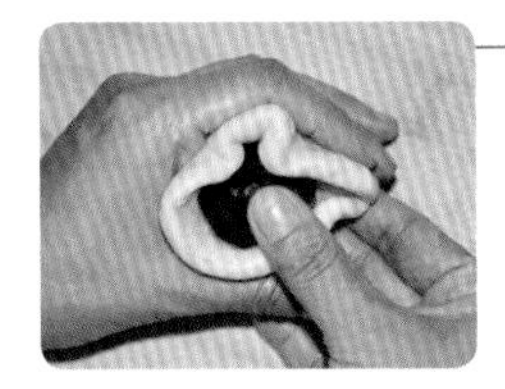

18. 包入一颗枣泥馅，用虎口收紧收口。

19. 收口朝下，按扁，轻擀，中间用个小瓶盖压个印，用剪刀平均剪出12份，向一个方向翻转过来，让枣泥馅露在外面。

20. 依次做好12个，码放在不粘烤盘上，中间用筷子蘸红色色素点几个红点。

21. 送入预热好的烤箱，中层，上下火，180摄氏度25分钟，烘烤10分钟后就加盖锡纸。

二狗妈妈碎碎念

1. 熬制枣泥时，一定要注意防护，因为枣泥会往外溅，而且一定要熬到水分全部挥发才可以，不然枣泥馅太软不好包。如果嫌麻烦，那就买市售的枣泥馅即可。

2. 花形的制作用剪刀剪口比用刀切好操作，先剪成4份，再把每份剪出3瓣，就比较容易剪得均匀一些。翻好花后，可以放在烤盘上再作整理。

椰蓉荷花酥

做这款酥皮点心时，我手机里正好在播放《荷塘月色》这首歌，“剪一段时光缓缓流淌，流进了月色中微微荡漾，弹一首小荷淡淡的香，美丽的琴音就落在我身旁……”我们的岁月不就是在自己指尖缓缓流淌吗？落在灶台，落在烤箱，落在这一朵朵的荷花上……

原料

水油皮面团：
水 60 克
玉米油 30 克
中筋粉 120 克
白糖 10 克

油酥面团：
低筋粉 100 克
玉米油 40 克
粉色食用色素 4 滴

椰蓉馅：
无盐黄油 60 克
白糖 30 克
椰蓉 60 克

做法

1. 60 克无盐黄油软化后加入 30 克白糖和 60 克椰蓉搅匀。

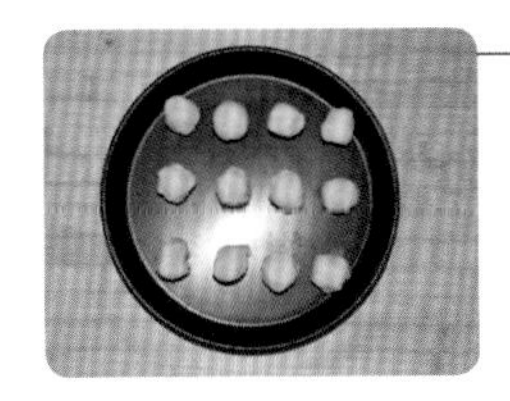

2. 将馅料平均分成 12 份，冰箱冷藏备用。

3. 60 克水、30 克玉米油、120 克中筋粉、10 克白糖放入面包机内桶。

4. 启动“和面”程序，定时 20 分钟，这是水油皮面团，盖好，静置 20 分钟。

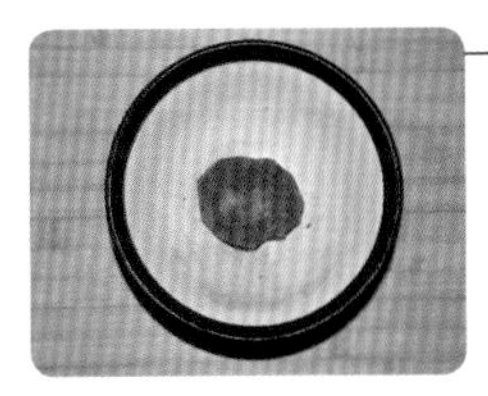

5. 40 克玉米油、100 克低筋粉、4 滴粉色食用色素，混合均匀，这是油酥面团。

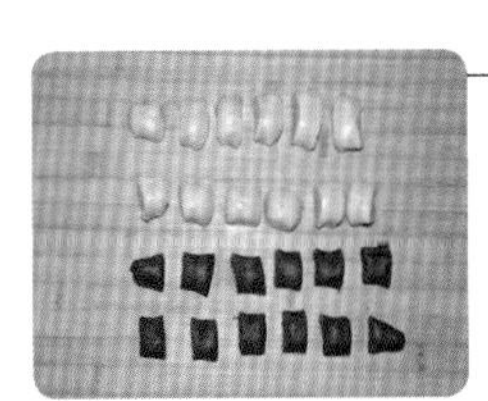

6. 把水油皮面团和油酥面团都分成 12 份。

7. 取一份水油皮面团按扁，包入一颗油酥面团。

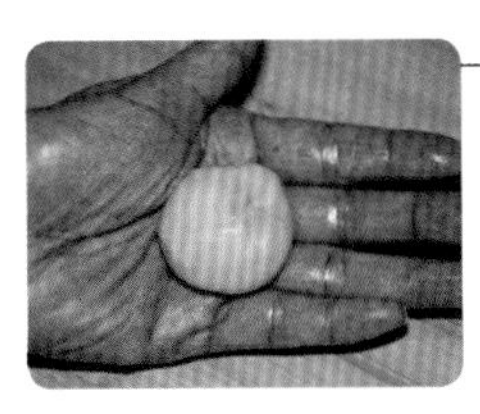

8. 用虎口收紧收口，依次做好 12 个。

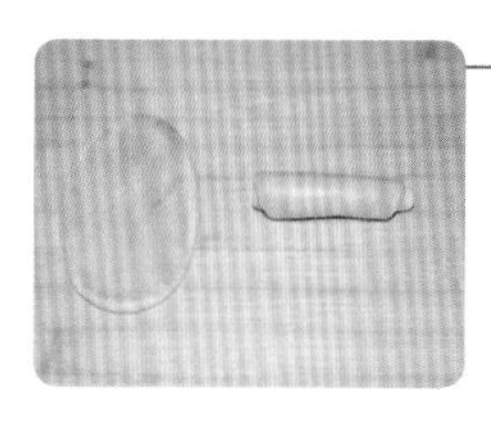

9. 把收口朝上擀开，卷起来，依次卷好12个。

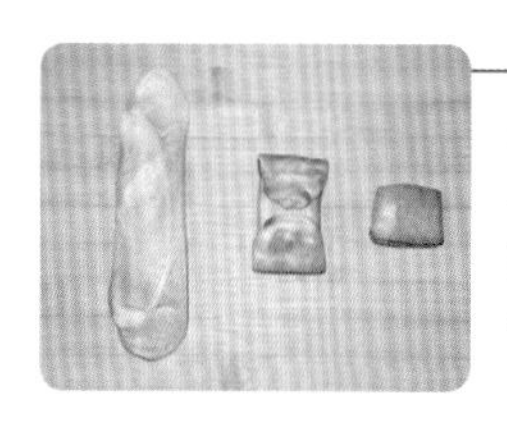

10. 再把收口朝上，往长擀开，上下对折后再对折，依次做好12个。

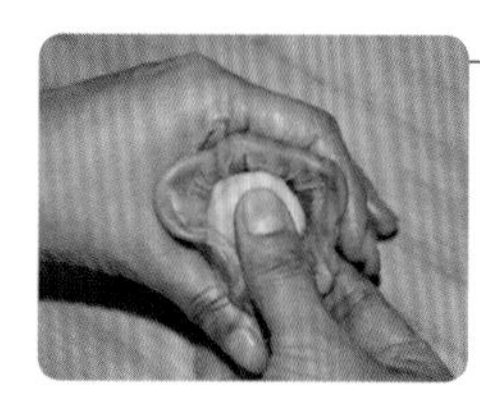

11. 把4折后的面片擀开，包入椰蓉馅。

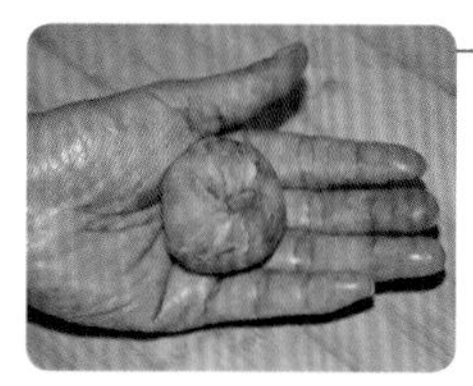

12. 面团用虎口收紧收口。

13. 收口朝下，整理成圆形，用锋利的刀切出6刀或8刀。

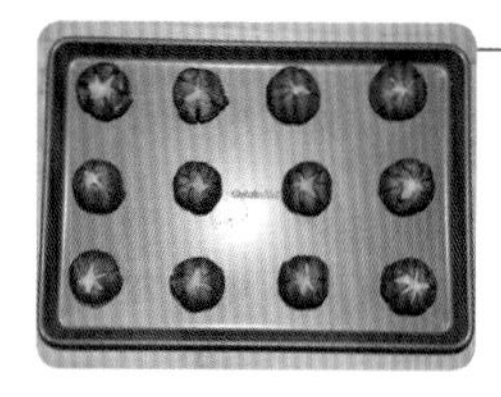

14. 码放在不粘烤盘上，依次做好12个。

15. 送入预热好的烤箱，中下层，上下火，180摄氏度烘烤30分钟，烘烤10分钟后加盖锡纸。

二狗妈妈**碎碎念**

1. 椰蓉馅冷藏后会变硬，包的时候比较好操作。
2. 用锋利的刀划口时，不要太深，刚划到馅就可以了。
3. 粉色食用色素要一滴一滴加，颜色不要太深。
4. 如果在步骤10擀开觉得困难，那就盖好静置一会儿再操作。
5. 如果您想要猪油或黄油，那请在水油皮和油酥面团中各增加10克油的用量，也就是水油皮用40克，油酥用50克。

榴莲酥

榴莲，有的人爱死，有的人怕死，而我属于爱死那类人，这一炉榴莲酥刚刚烤出来，我迫不及待地吃了两个，太好吃了……经过这样处理后的榴莲馅，比较好包，而且吃起来馅特别大，还有些糯，很特别哟……

原料

○水油皮面团：
水 75 克
无盐黄油 50 克
中筋粉 160 克
白糖 20 克

○榴莲馅：
榴莲肉 200 克
奶粉 20 克
熟糯米粉 50 克

○油酥面团：
低筋粉 140 克
无盐黄油 75 克

○其他：
鸡蛋 1 个
黑芝麻适量

做法

1. 200 克榴莲肉放入碗中，加入 20 克奶粉。

2. 将榴莲搅匀后再加入 50 克熟糯米粉。

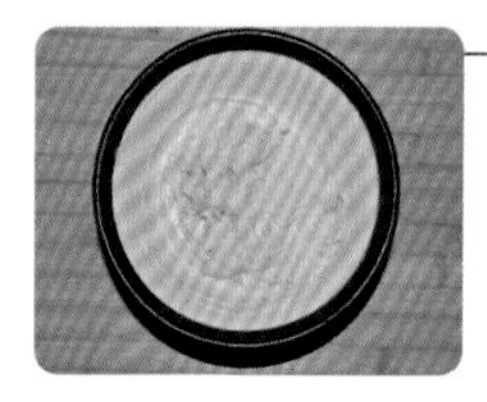

3. 再次搅匀。

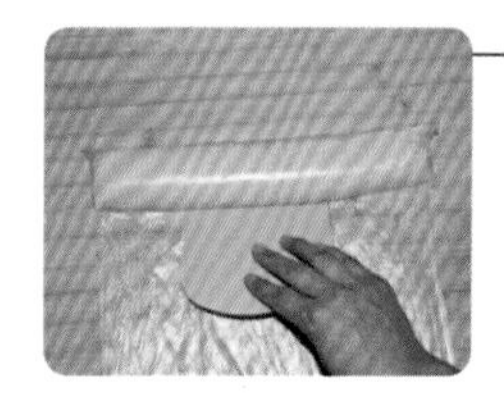

4. 将搅好的馅装入保鲜袋，整理成柱形，放入冰箱冷冻约 2 小时至硬挺。

5. 75 克水、50 克无盐黄油、160 克中筋粉、20 克白糖放入面包机内桶。

6. 启动“和面”程序，定时 20 分钟，这是水油皮面团，盖好，静置 20 分钟。

7. 取一个大碗，放入 140 克低筋粉、75 克无盐黄油，抓匀备用，这是油酥面团。

8. 把油酥面团放入保鲜袋，用擀面杖擀平，整理成一个长方形面片。

9. 案板上撒面粉，把水油皮面团放案板上擀开，大约是油酥面片的两倍大。

10. 把油酥面片的保鲜袋剪开，把油酥面片放在水油皮面片的一侧。

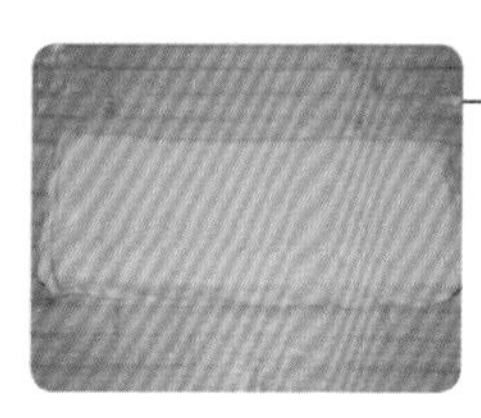

11. 对折水油皮面片，捏紧收口。

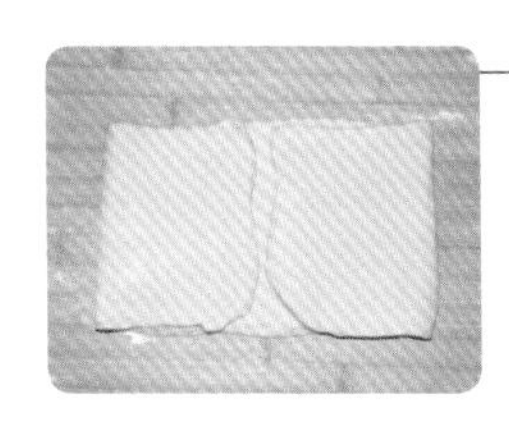

12. 将面片擀长后把两边面片向中间折。

13. 然后将面片对折。

14. 把折好的面片擀长后再横过来。

15. 再将面片折 3 折。

16. 将折好的面片擀成正方形，切掉不规则的边。

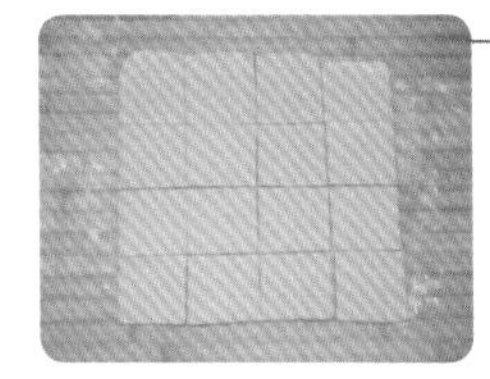

17. 将面片平均分成 16 份。

18. 把已经冻硬的榴莲馅分成 16 份。

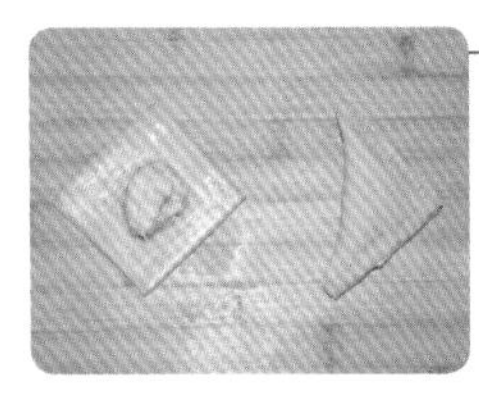

19. 在面皮边上刷蛋清，码放一颗榴莲馅，对角对折后，用叉子在边上压出花纹。

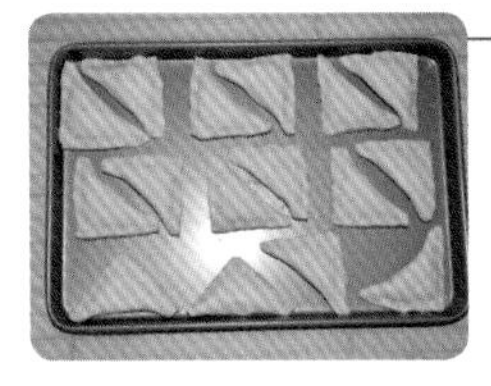

20. 全部做好后码放在不粘烤盘上。

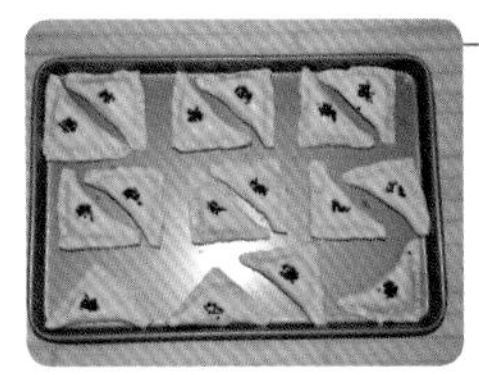

21. 在做好的榴莲酥上刷蛋黄液，撒黑芝麻。

22. 送入预热好的烤箱，中下层，上下火，180 摄氏度烘烤 30 分钟，上色及时加盖锡纸。

二狗妈妈**碎碎念**

1. 榴莲一定要选用熟透的，香气才够浓。
2. 在榴莲肉里加入奶粉和糯米粉，是为了增加浓稠度，经过冷冻后的馅能够硬挺一些，不然榴莲太软不好包馅。
3. 在捏合皮之前刷上蛋清，是为了更好地黏合。
4. 本配方量稍大，如果烤箱小，可以分两炉烘烤。
5. 包制的时候动作要迅速一些，不然后包的榴莲馅会变软，就不好操作啦。

彩虹蛋黄酥

2017 年 9 月 16 日，应时代书城的邀请我去合肥进行《二狗妈妈的小厨房之巧手家常菜》的新书签售活动，当晚直播了这款彩虹蛋黄酥，谭琴还专门给我抱来了她家的面包机熬了猪油，直播过程虽然网络不给力，卡到掉线，但粉丝们的热情让我非常感动，谢谢你们的陪伴，有你们真好！

原料

水油皮面团：
水 75 克
猪油 50 克
中筋粉 170 克
白糖 20 克

油酥面团：
低筋粉 120 克
猪油 65 克
红、绿、黄、蓝色素水各一滴

馅：
红豆馅约 300 克
咸蛋黄 16 颗
白酒适量

做法

1. 75 克水、50 克猪油、170 克中筋粉、20 克白糖放入面包机内桶。

2. 启动“和面”程序，定时 20 分钟，这是水油皮面团，和好盖好，静置 20 分钟。

3. 取一个大碗，放入 120 克低筋粉、65 克猪油，抓匀备用，这是油酥面团。

4. 把油酥面团分成 4 份，分别用喜欢的色素调成 4 个颜色的油酥面团，我用的是红、绿、黄、蓝。

5. 在揉面团的时候，把 16 颗咸蛋黄喷白酒后放入预热好的烤箱，100 摄氏度烘烤 10 分钟。

6. 蛋黄凉透后，取一颗蛋黄，再取一点儿红豆馅，一共重量是 30 克。

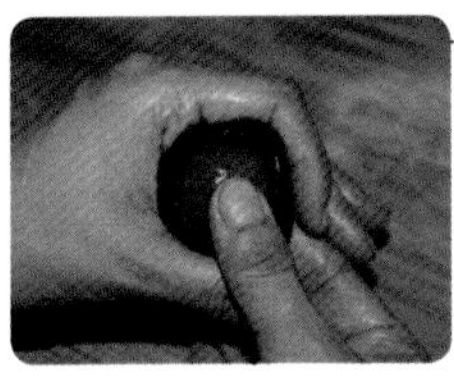

7. 用豆馅把蛋黄包住。

8. 把所有的馅料准备好。

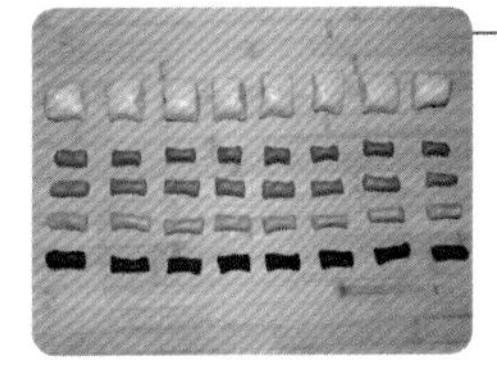

9. 把水油皮面团分成 8 份，把 4 个颜色的油酥面团分别分成 8 份。

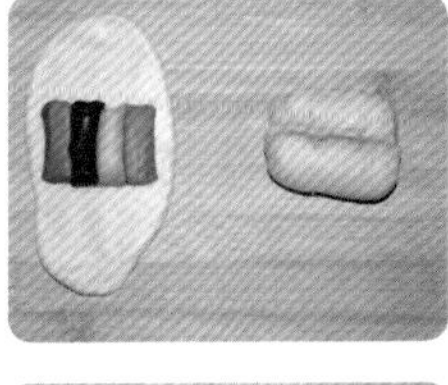

10. 取一块水油皮面团，擀长，在中间码放上 4 个颜色的油酥，用水油皮把油酥包起来，捏紧收口，依次做好 16 个。

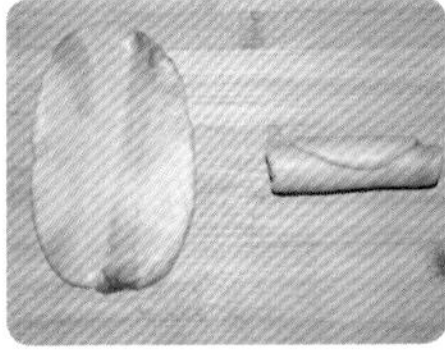

11. 把面团按扁擀长，卷起来，依次做好 8 个。

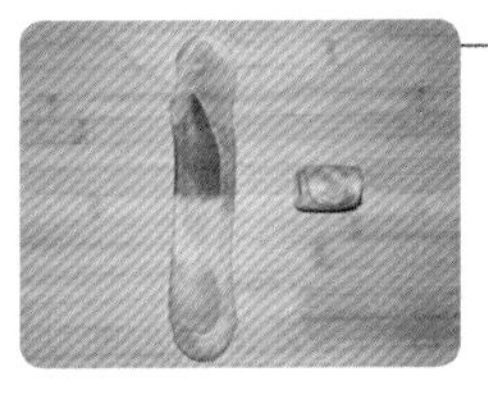

12. 再把小卷面团擀长，卷起来。

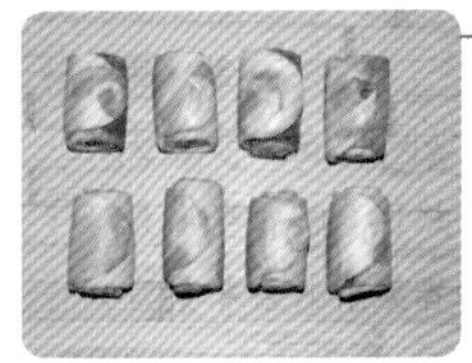

13. 依次做好 8 个。

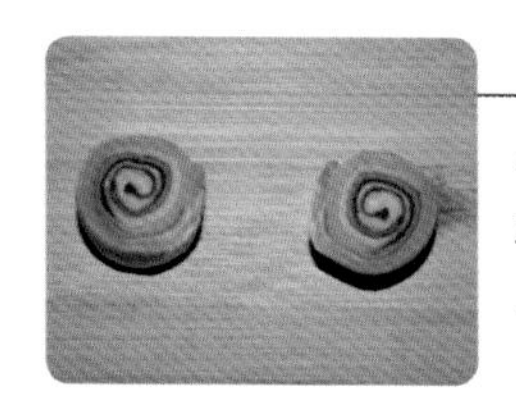

14. 取一个卷，用利刀在中间切开，切口朝上。

15. 面团按扁后，擀圆，注意中心的部分最好别擀压。

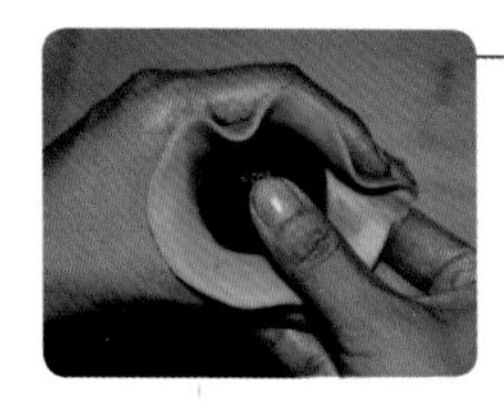

16. 把皮翻面，螺旋面朝外，包入馅料，用虎口收紧。

17. 收口朝下，调整螺旋位置在最中间，这样一颗蛋黄酥就包好了。

18. 依次做好 16 个，码放在不粘烤盘上。

19. 送入预热好的烤箱，中下层，上下火，180 摄氏度烘烤 30 分钟，烘烤 5 分钟后就加盖锡纸。

二狗妈妈**碎碎念**

1. 擀皮的时候一定要注意，不要擀到中间的螺旋部分，出来的层次才好看。
2. 如果买的咸蛋黄太干，可以用玉米油泡 8 小时后再喷酒烘烤。
3. 颜色还可以更多种，这个随您喜欢，要几种颜色，就把油酥分成几块。
4. 如果不想要彩虹的皮，也不想做螺旋的形状，请在步骤 3 后把水油皮和油酥面团分成 16 份，然后依照 P89“枣花酥”步骤 12~18 包好蛋黄馅，收口朝下，表面刷蛋黄液，撒黑芝麻，入烤箱烘烤就可以了。

老婆饼

老婆饼里有老婆吗？哈哈，老婆饼里虽然没有老婆，但全是老婆浓浓的爱哟……这款老婆饼用了传统的冬瓜糯米馅，如果您不喜欢，可以包入任何您喜欢的馅料哈……红豆馅、绿豆馅、紫薯馅、南瓜馅……都行呢！

原料

○ 水油皮面团：
水 75 克
玉米油 40 克
糖 20 克
中筋粉 170 克

○ 油酥面团：
低筋粉 130 克
玉米油 55 克

○ 糯米冬瓜馅：
冬瓜 250 克
白糖 75 克
无盐黄油 20 克
熟糯米粉 100 克
椰蓉 15 克
熟白芝麻 10 克
水 70 克

○ 表面装饰：
蛋黄液适量
白芝麻适量

做法

1. 250 克去皮去瓤冬瓜切片。

2. 用料理机将冬瓜片打成蓉。

3. 用纱布挤去冬瓜泥水分后放入不粘炒锅中，加入 35 克白糖。

4. 开中火，一直炒到冬瓜透明，水分变干，加入20克无盐黄油炒均。

5. 冬瓜泥盛出，稍凉，备用。

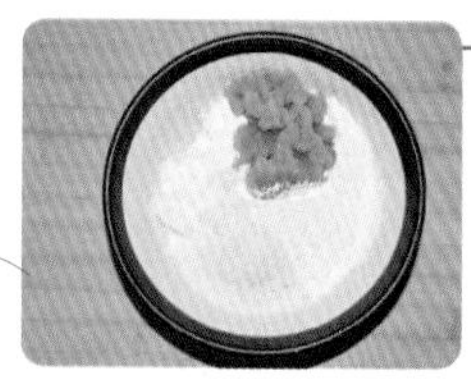

6. 100 克熟糯米粉放入碗中，加入 40 克白糖、15 克椰蓉、10 克熟白芝麻，把冬瓜馅也放进碗中。

7. 再加入 70 克水，揉成形，这就是糯米冬瓜馅。

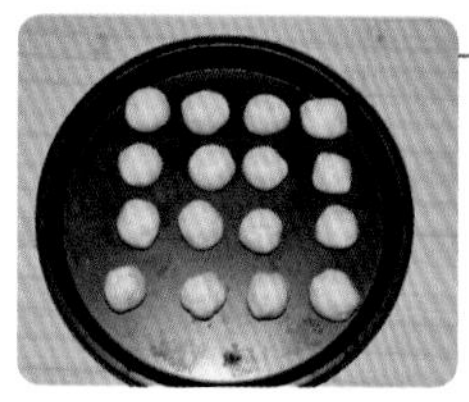

8. 把馅料平均分成 16 份，揉圆冰箱冷藏备用。

9. 将 75 克水、40 克玉米油、170 克中筋粉、20 克糖放入面包机内桶。

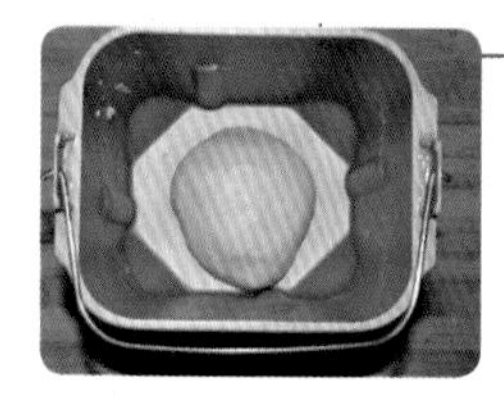

10. 启动“和面”程序，定时 20 分钟，这是水油皮面团，盖好，静置 20 分钟。

11. 取一个大碗，放入 130 克低筋粉，55 克玉米油，抓匀，备用，这是油酥面团。

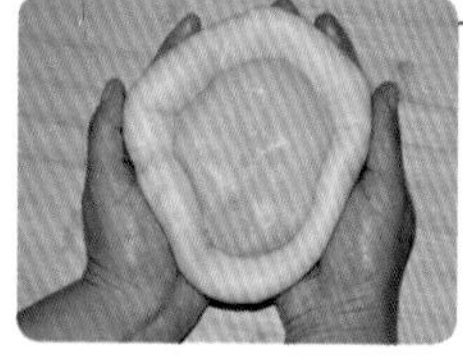

12. 把水油皮面团擀开，包入油酥面团。

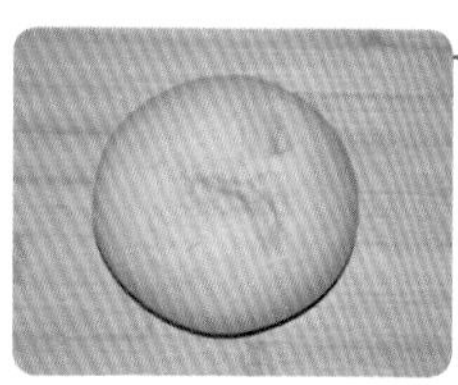

13. 捏紧面团收口。

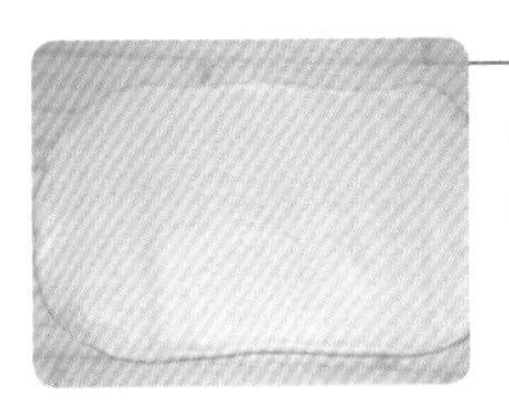

14. 慢慢按扁后擀开，呈长方形。

15. 左右往中间折起来。

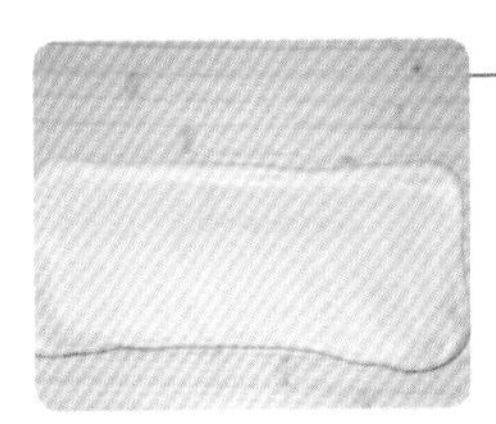

16. 把面片横过来，再擀长。

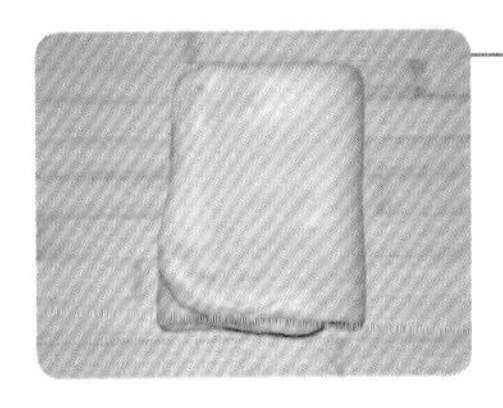

17. 再把面片左右往中间折起来，盖好，静置 15 分钟。

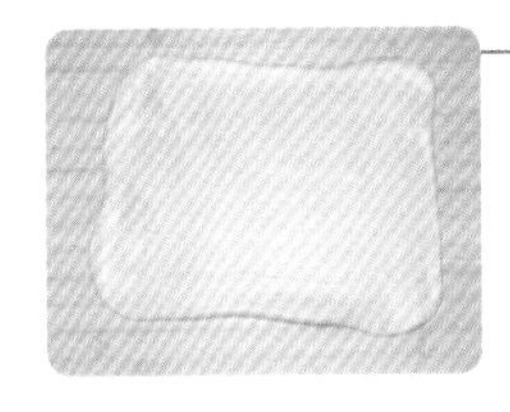

18. 将面片擀成薄的大方片。

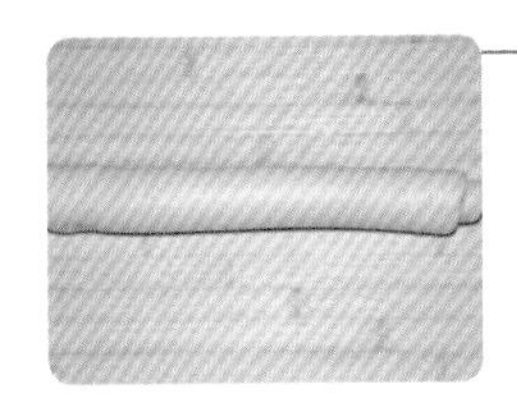

19. 将面片卷起来。

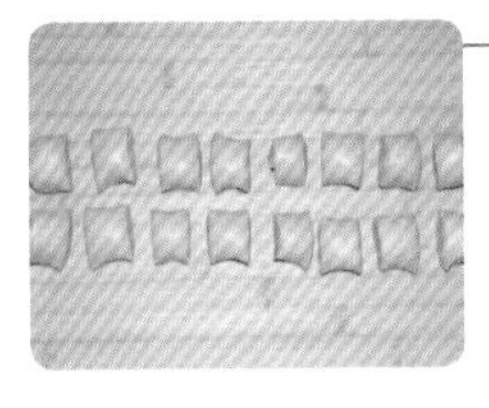

20. 将面片切成 16 份。

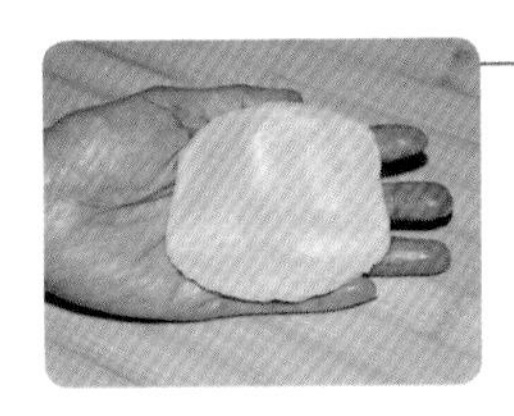

21. 小面团把收口朝上，按扁，擀成薄片。

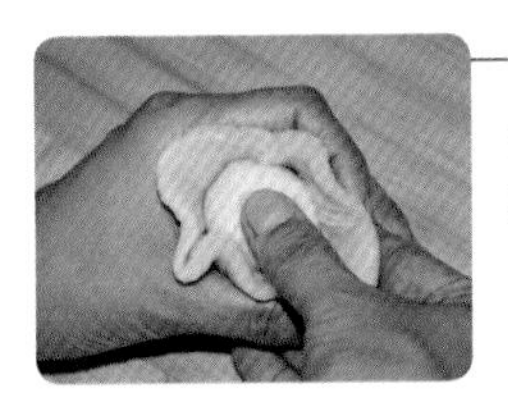

22. 将面片包入一颗糯米冬瓜馅，左手虎口向上收，右手按住馅。

23. 捏紧面团收口。

24. 面团收口朝下码放在不粘烤盘上，按扁，依次做好 16 个。

25. 在每个老婆饼上刷两遍蛋黄液，撒白芝麻后，用锋利的刀片划 3 刀。

26. 送入预热好的烤箱，中下层，上下火，180 摄氏度烘烤 30 分钟，上色及时加盖锡纸。

二狗妈妈**碎碎念**

1. 熟糯米粉制作方法：把糯米粉放在无油无水的锅中，小火翻炒至微微发黄。
2. 糯米冬瓜馅的水要一点一点地加，揉成团即可。
3. 蛋黄液刷一遍过 1 分钟再刷一遍，这样烤出来的颜色比较漂亮。

玫瑰鲜花饼

去云南的时候，被满街的花香所吸引，不知不觉地就来到了玫瑰鲜花的店铺口……现在，我们想吃这一口的时候，就会自己动手做，可好吃了呢……

原料

水油皮面团：
水 75 克
猪油 50 克
中筋粉 170 克
盐 2 克

油酥面团：
低筋粉 100 克
猪油 50 克

玫瑰馅：
玫瑰酱 360 克
熟糯米粉 80 克

其他
红色食用色素水

做法

1. 360 克玫瑰酱加上 80 克熟糯米粉拌匀后分成 16 份，放入冰箱冷冻备用。

2. 75 克水、50 克猪油、170 克中筋粉、2 克盐放入面包机内桶。

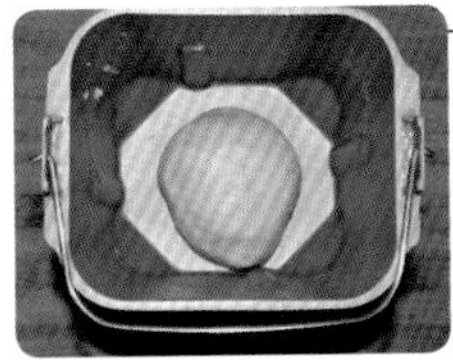

3. 启动“和面”程序，定时 20 分钟，这是水油皮面团，和好后盖好，静置 20 分钟。

4. 取一个大碗，放入 100 克低筋粉、50 克猪油，抓匀备用，这是油酥面团。

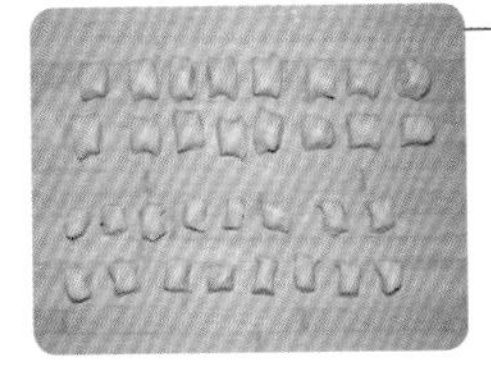

5. 把水油皮面团和油酥面团分别分成 16 份。

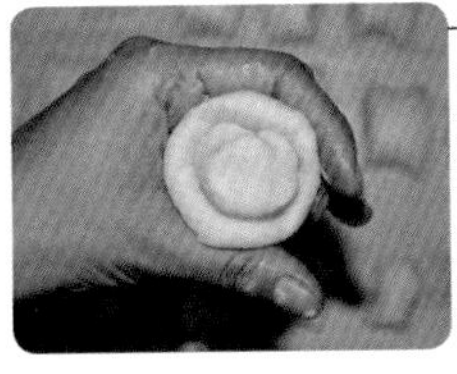

6. 取一块水油皮面团按扁，包入一个油酥面团。

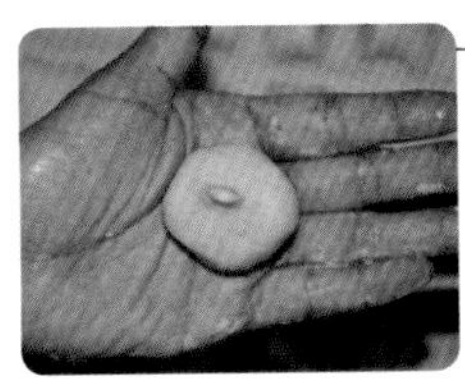

7. 用虎口慢慢把水油皮往上收，包住油酥面团，捏紧收口。

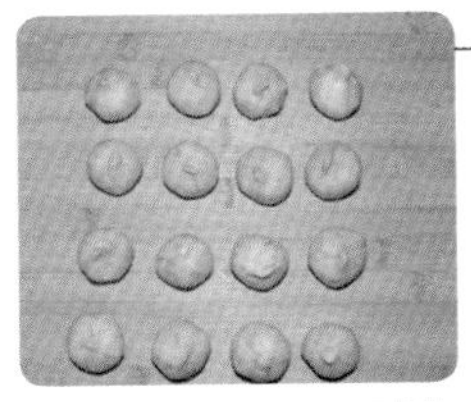

8. 依次把 16 份都包好。

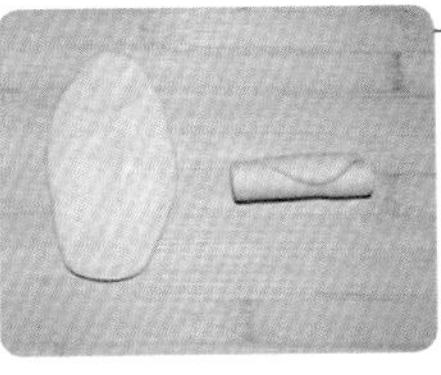

9. 取一个面团，收口朝上，擀长，卷起来。

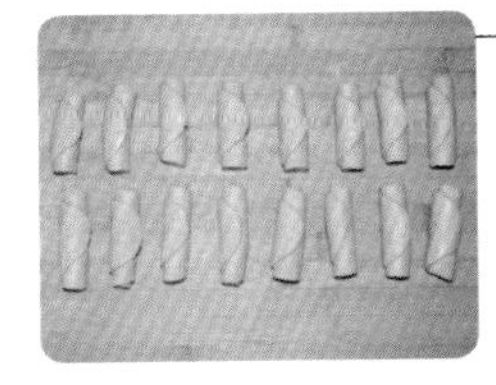

10. 依次做好 16 份。

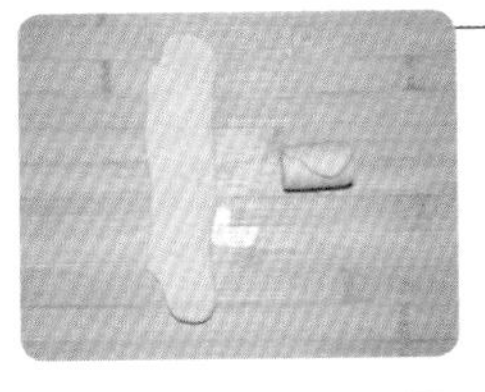

11. 取一个面团，收口朝上，再次擀长，卷起来。

12. 依次做好 16 份。

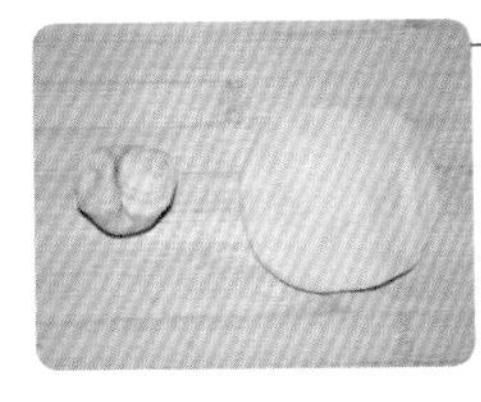

13. 取一个面团，收口朝上，中间压下去，把两端往中间收，按扁后擀圆。

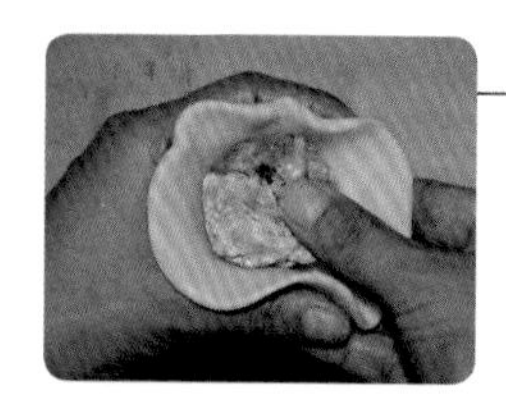

14. 面皮中放入一颗玫瑰酱馅，左手用虎口往上收，右手大拇指压住馅。

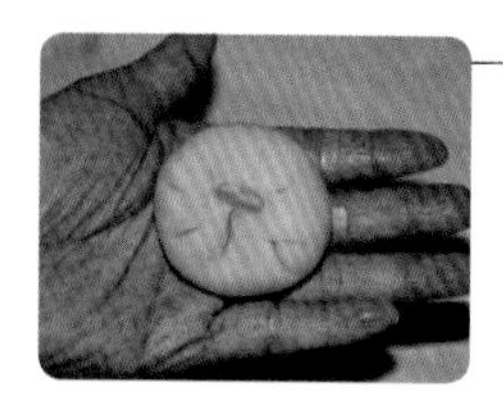

15. 把面团收口捏紧。

16. 面团收口朝下，按扁，依次做好 16 个，在表面用牙签扎几个洞。

17. 用印章蘸红色食用色素水，给每个鲜花饼上盖好印章。

18. 送入预热好的烤箱，中下层，上下火，170 摄氏度烘烤 30 分钟，烘烤 10 分钟后就加盖锡纸。

二狗妈妈**碎碎念**

1. 熟糯米粉制作方法：把糯米粉放在无油无水的锅中，小火翻炒至微微发黄。
2. 面粉的吸水性不一样，如果发现面团过软，可以适当增加一些面粉，两种面团的软硬度就和耳垂的软硬度一样。
3. 玫瑰酱的品质不一样，请注意添加熟糯米粉的量，成团就好，注意要冷冻一下，更易操作。
4. 没有印章可以用筷子蘸红色食用色素水点几个点，也很好看。

苏式鲜肉月饼

烘烤的时候，满屋的肉香勾得我直往烤箱前凑……刚出炉，趁热咬一口，那个好吃哟……

原料

○水油皮面团：
水 85 克
猪油 50 克
中筋粉 200 克
白糖 20 克

○油酥面团：
低筋粉 140 克
猪油 70 克

○鲜肉馅：
猪肉馅 220 克
榨菜 60 克
香油 8 克
蚝油 10 克
酱油 6 克
淀粉 6 克
白芝麻 5 克
白糖 10 克
白胡椒粉 1 克
香葱碎 20 克

○装饰：
红色食用色素水

做法

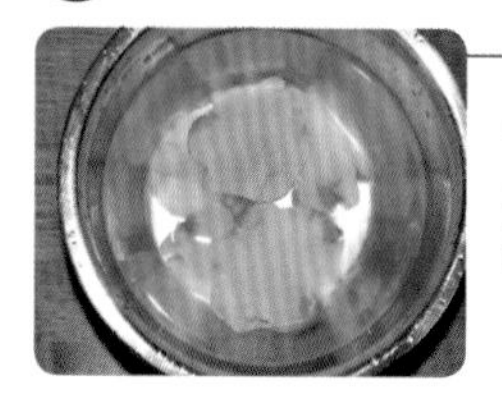

1. 60 克榨菜用清水泡 10 分钟后，冲洗干净，切碎。

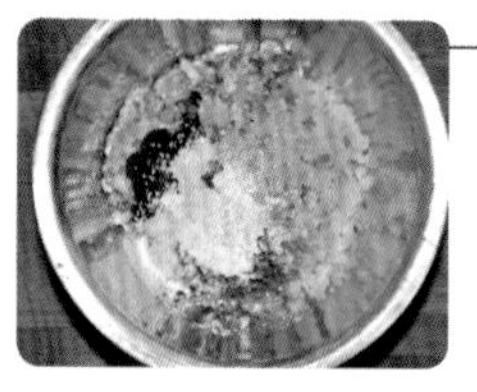

2. 把榨菜碎放入盆中，加入 220 克猪肉馅，再加入 8 克香油、10 克蚝油、6 克酱油、10 克白糖、6 克淀粉、5 克白芝麻、1 克白胡椒粉、20 克香葱碎。

3. 肉馅搅匀后分成 16 份送入冰箱冷藏 60 分钟（或冷冻 30 分钟）。

4. 将 85 克水、50 克猪油、200 克中筋粉、20 克白糖放入面包机内桶。

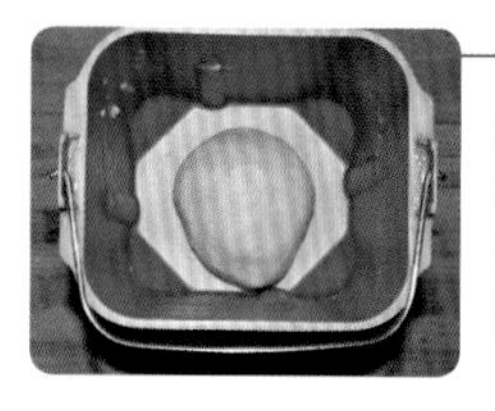

5. 面包机启动“和面”程序，定时 20 分钟，这是水油皮面团，盖好，静置 20 分钟。

6. 取一个大碗，放入 140 克低筋粉、70 克猪油，抓匀备用，这是油酥面团。

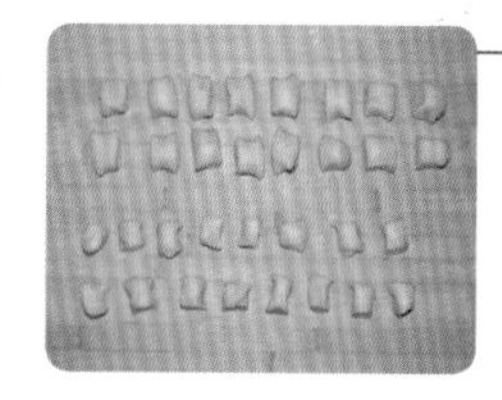

7. 把水油皮面团和油酥面团分别分成 16 份。

8. 取一块水油皮面团，按扁，包入一个油酥面团。

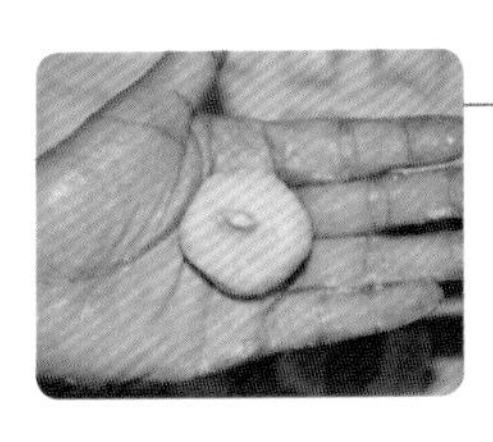

9. 用虎口慢慢把水油皮面团往上收，包住油酥面团，捏紧收口。

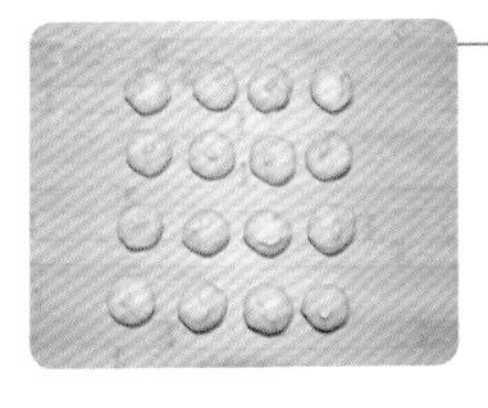

10. 依次把 16 份都包好。

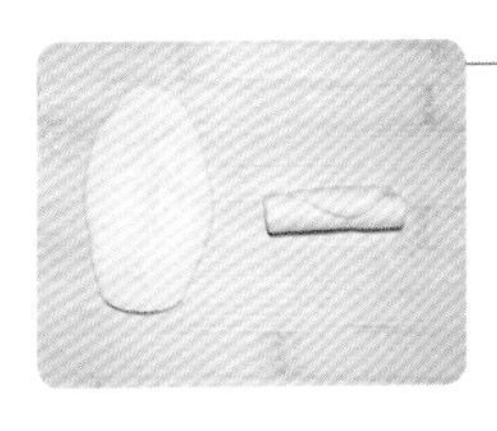

11. 取一个面团，收口朝上，擀长，卷起来，依次做好 16 个。

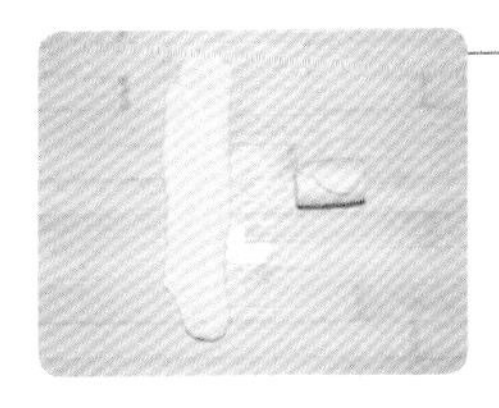

12. 取一个面团，收口朝上，再次擀长，卷起来，依次做好 16 个。

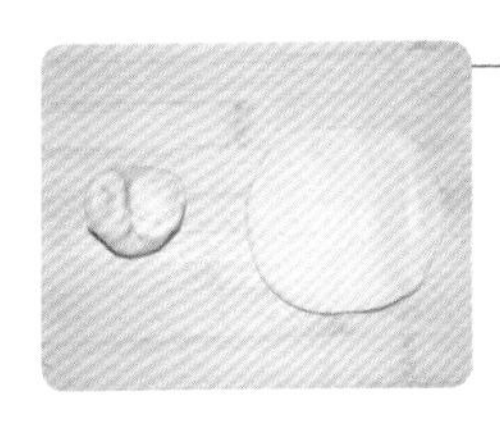

13. 取一个面团，收口朝上，中间压下去，把两端往中间收，按扁后擀圆。

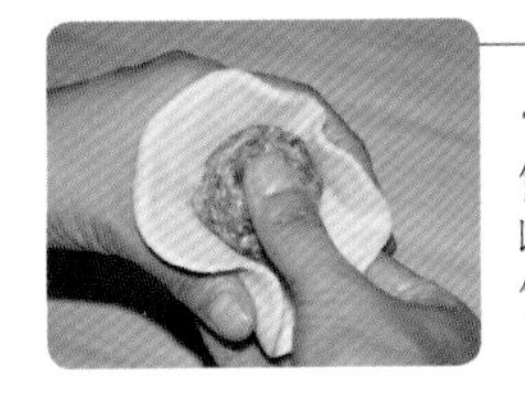

14. 面片放入一颗肉馅，左手用虎口往上收，右手大拇指压住馅。

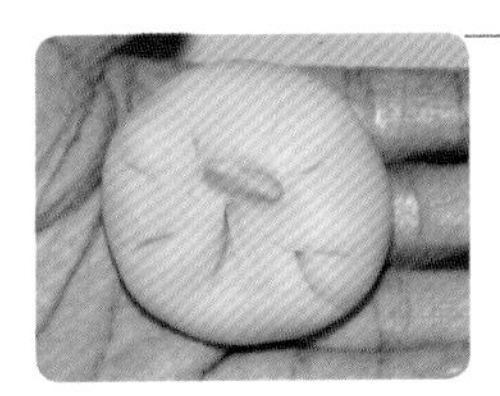

15. 把面团收口捏紧。

16. 收口朝下，按扁，依次做好 16 个，在表面用牙签扎几个洞。

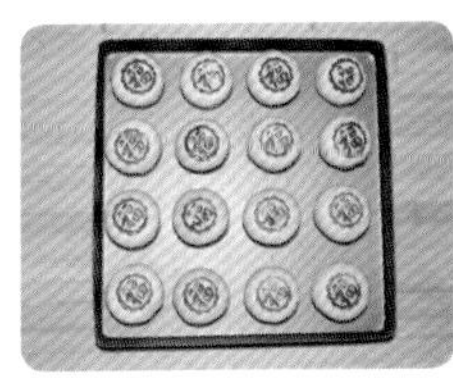

17. 用印章蘸红色食用色素水，给每个饼上盖好印章。

18. 送入预热好的烤箱，中下层，上下火，180 摄氏度烘烤 30 分钟，烘烤 10 分钟后就加盖锡纸。

二狗妈妈**碎碎念**

1. 肉馅冷冻半小时或冷藏 1 小时，稍硬挺一些更好包进去。
2. 榨菜最好选用整个的大榨菜，如果实在买不到，可以用袋装榨菜丝替换。一定要用水冲洗几遍，洗去咸味再入馅。
3. 趁热吃口感最好，如果凉了，可以用烤箱 150 摄氏度烘烤 10 分钟再吃。

有皮有馅，而且皮要薄、馅要大，这是本章节美味小吃的特点。但您翻开就会奇怪了，本章节里没有“包子”，只收录了一款“鸡汁生煎包”。其实各地美味小吃中，包子还是有一定地位的，但我觉得《二狗妈妈的小厨房之中式面食》中涉及了包子的内容，就不想重复了。

这些薄皮大馅的美味小吃中，我提前在微博上发布了“油酥肉火烧”，得到了大家的强烈好评，味道真的不能只用“好吃”来形容。相信我，动手试一试吧，一定不会让您失望！

另外，大家一直心心念念的月饼，也出现在了本章节中，自来红月饼、云腿月饼、广式月饼，这些月饼学会了，以后中秋咱自己做月饼送朋友吧！重要的是这份亲手做的情意！

05
CHAPTER
薄皮大馅的
美味小吃

自来红月饼

我真的没有喜欢过自来红，一直不觉得这家伙有多好吃，自己做了才发现，其实这家伙的个人魅力很大的，吃上以后，很回味呢……

原料

月饼皮：
白糖 10 克
麦芽糖 20 克
小苏打 2 克
开水 100 克
香油 110 克
中筋粉 270 克

装饰：
红色色素水少许

馅：
熟核桃仁 60 克
熟花生仁 40 克
熟瓜子仁 15 克
蔓越莓干 40 克
白糖 50 克
糖桂花 30 克
玉米油 30 克
熟面粉 50 克

做法

1. 10 克白糖、20 克麦芽糖、2 克小苏打放入盆中。

2. 盆中加入 100 克开水，搅匀。

3. 水中再加入 110 克香油，搅匀。

4. 再加入 270 克中筋粉。

5. 将盆中面粉揉成面团。

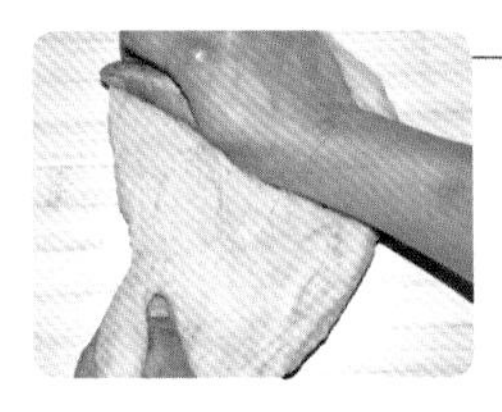

6. 放在案板上，用力揉搓，约 20 分钟，或者放入面包机揉 20 分钟。

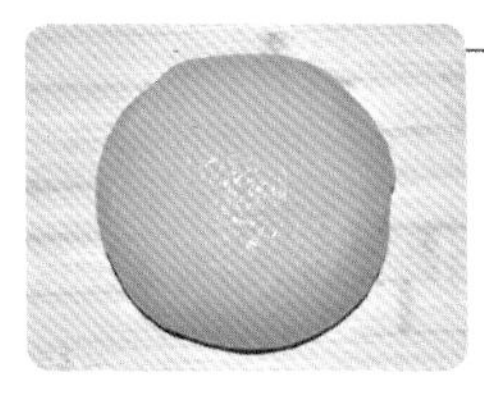

7. 一直揉到面团非常光滑。

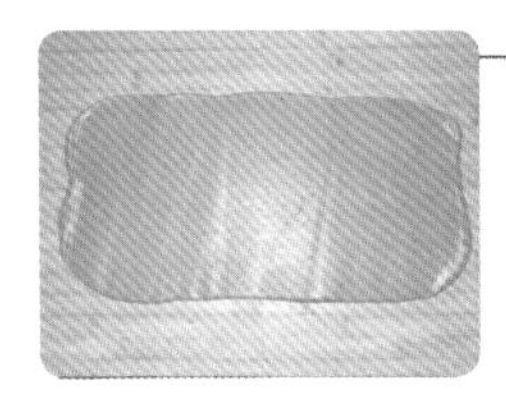

8. 把面团擀成长方形。

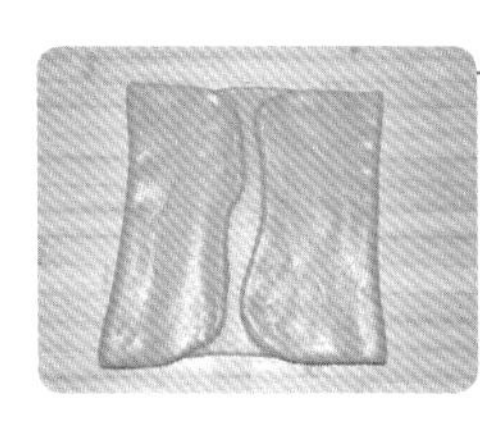

9. 两边向中间折起来。

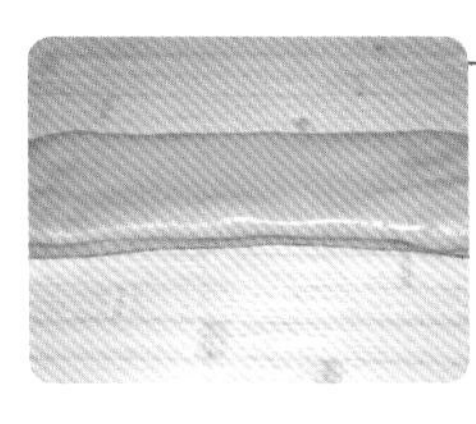

10. 将面片再对折，并横过来摆放。

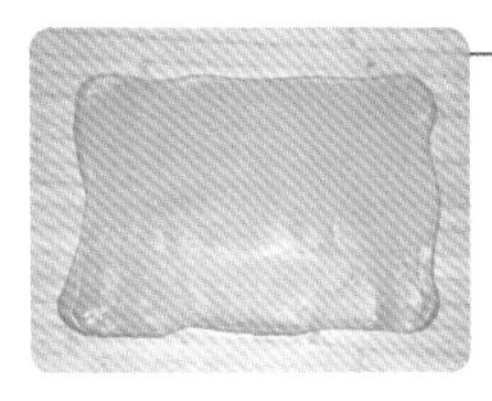

11. 重复 4 次步骤 8~10，将面片擀薄。

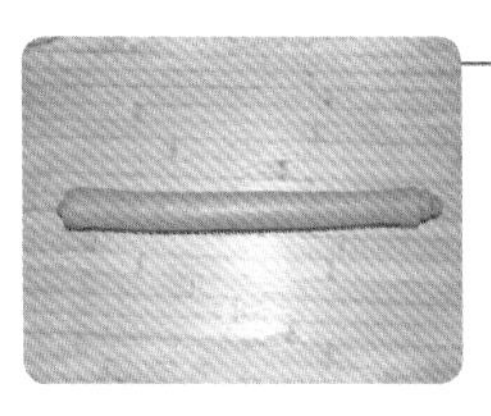

12. 将面皮卷起来。

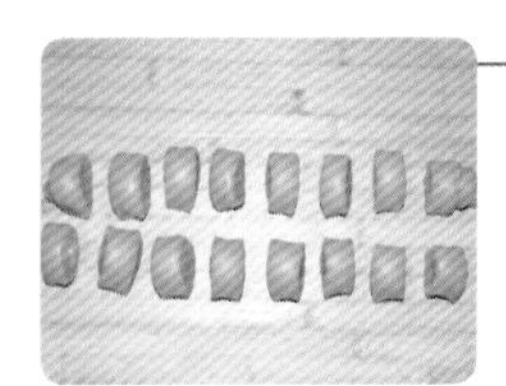

13. 分成 16 份，盖好备用。

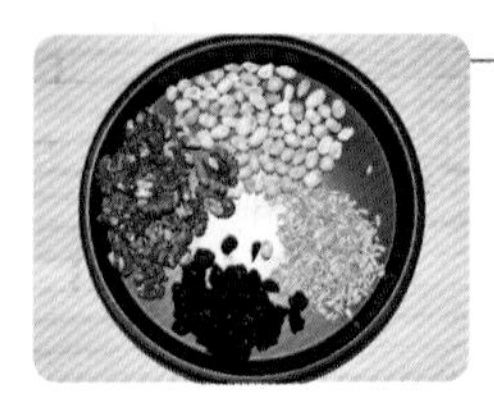

14. 准备好 60 克熟核桃仁、40 克熟花生仁、15 克熟瓜子仁、40 克蔓越莓干。

15. 将果仁放入料理机打碎。

16. 将碎果仁中加入 50 克白糖、30 克玉米油、30 克糖桂花、50 克熟面粉。

17. 将所有食材抓匀。

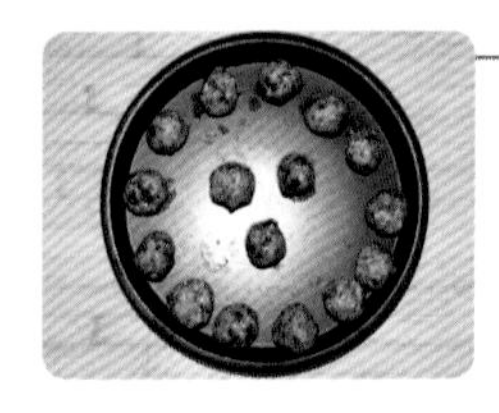

18. 并将果仁馅分成 16 份。

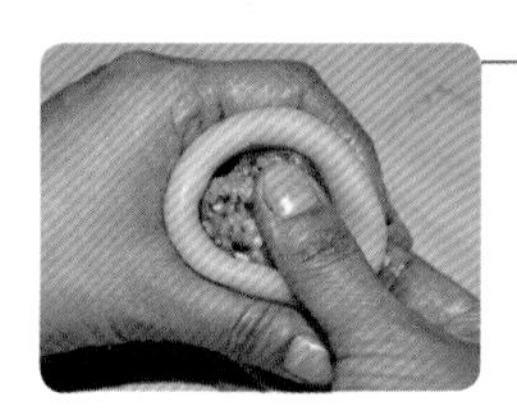

19. 取一份面团揉圆擀开，把馅放在中间，右手按住馅，左手虎口往上收。

20. 将面团收紧收口。

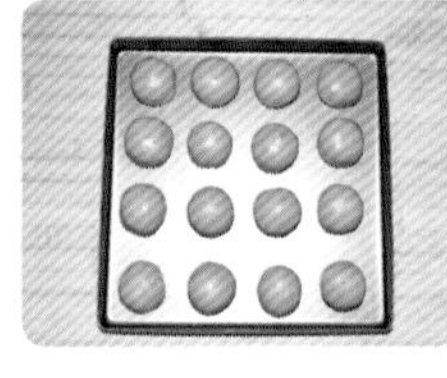

21. 收口朝下，码放在不粘烤盘上，依次做好 16 个。

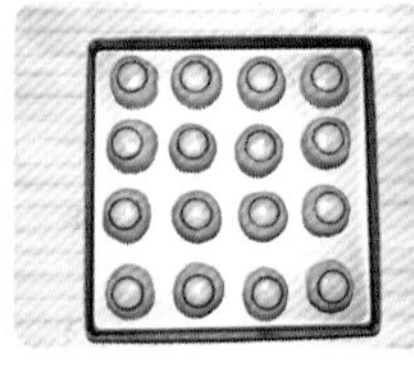

22. 用瓶盖蘸红色色素水在每个月饼上盖个印。

23. 送入预热好的烤箱，中下层，上下火，200 摄氏度烘烤 30 分钟，上色及时加盖锡纸。

二狗妈妈**碎碎念**

1. 传统的自来红馅一定要有青红丝的，我实在是不爱吃，就用了蔓越莓干替代，如果您喜欢青红丝，那等量替换即可。

2. 月饼皮一定要揉得非常光滑，可以用面包机揉 20 分钟。另外，4 次折叠的步骤不可以省略，因为这是最后皮酥脆的关键哟。

3. 如果不喜欢香油的味道，可以用花生油或者您喜欢的植物油替换。

广式莲蓉蛋黄月饼

我在老家的时候，从来没吃过这种月饼，来到北京，公婆每年都会送我月饼，我才知道还有这么好吃的月饼呢！

原料

○月饼皮：
转化糖浆 150 克
花生油 50 克
枧水 5 克
中筋粉 200 克
奶粉 10 克
熟糯米粉适量

○莲蓉蛋黄馅：
莲蓉馅约 750 克
咸蛋黄 25 颗

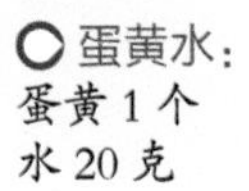

○蛋黄水：
蛋黄 1 个
水 20 克

○工具：
50 克月饼模具

做法

1. 150 克转化糖浆倒入盆中，加入 50 克花生油、5 克枧水。

2. 将盆中糖浆搅匀后加入 200 克中筋粉、10 克奶粉。

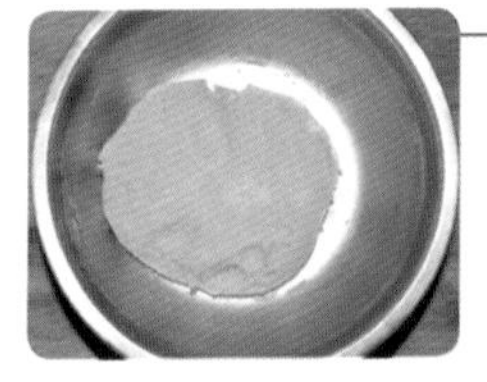

3. 用刮刀将食材拌成面团，再揉匀，盖好，放冰箱冷藏 2 小时。

4. 25 颗咸蛋黄在白酒中滚一圈后，码放在不粘烤盘上，送入预热好的烤箱，中下层，上下火，100 摄氏度烘烤 9 分钟。

5. 把 1 个咸蛋黄放在电子秤上，加上莲蓉馅，一共 35 克。

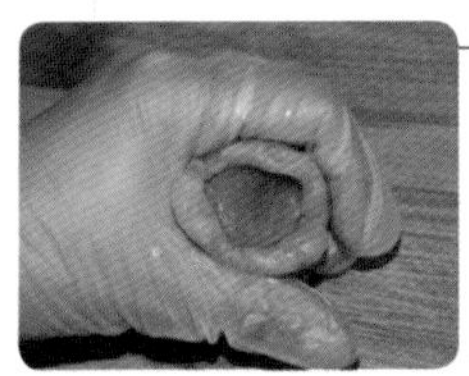

6. 把莲蓉馅揉圆按扁，把蛋黄放入，用虎口包起来。

7. 依次用莲蓉把蛋黄都包好备用。

8. 把月饼皮面团分成 15 克一个。

9. 把月饼皮放在保鲜袋一侧，把保鲜袋翻折过来，把皮擀薄。

10. 打开保鲜袋。

11. 把馅放在皮上，用保鲜袋往上提，包住馅，然后去除保鲜袋。

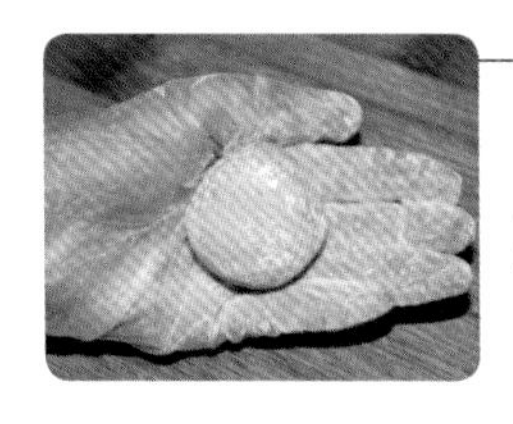

12. 将面皮的收口收紧后，搓圆，在熟糯米粉中滚一圈，再抖落多余的散粉。

13. 将面团放入 50 克的月饼模具中。

14. 按压后脱模。

15. 依次做好所有月饼，码放在不粘烤盘上，表面喷水。

16. 送入预热好的烤箱，中下层，上下火，200 摄氏度烤 5 分钟。

17. 用蛋黄水（1 个蛋黄 +20 克水）薄薄地刷在花纹凸起的地方。

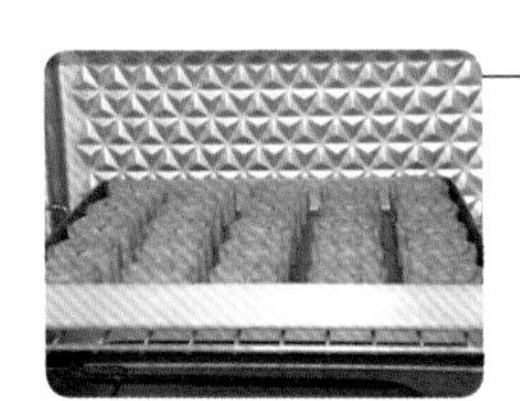

18. 再次送入烤箱，中下层，200 摄氏度烘烤 13 分钟，上色及时加盖锡纸。

二狗妈妈碎碎念

1. 我用的是市售莲蓉馅，咱们也可以自制：400 克干莲子泡 8 小时后，把莲子心剥出，放入电压力锅，设置一个“蹄筋”程序（或用普通压力锅，上气后蒸 15 分钟），沥干水分后用料理机打成蓉，放入炒锅中，加入 100 克白糖，中小火炒制，200 克玉米油分 6~8 次倒入馅中，每次都要炒到油完全吸收后再放下一次，一直炒到莲蓉不粘锅铲，硬度像耳垂的软度就可以了，凉透再用。

2. 如果买的咸蛋黄非常干硬，那最好提前用玉米油泡足 8 小时后再裹酒烘烤。

3. 转化糖浆、枧水是广式月饼的重要原料，请不要替换。

4. 我做的皮馅比例是 3∶7，做了 25 个。您也可以做成 2∶8（皮 10 克，馅 40 克），也可以做成 4∶6（皮 20 克，馅 30 克），2∶8 的皮非常薄，不太好操作。

5. 做好的月饼，凉透后包好，室温回油 1 天后（此款月饼只需回油 1 天就已经很好了），饼皮变软再吃会更好吃哟。

广式五仁月饼

自从我会做月饼以后，五仁月饼就成了我的最爱，因为这里面的干果都是我爱吃的，可香啦！

原料

○月饼皮：
转化糖浆 150 克
花生油 50 克
枧水 5 克
中筋粉 200 克
奶粉 10 克

○蛋黄水：
蛋黄 1 个
水 20 克

○工具：
50 克月饼模具

○馅：
熟花生仁 150 克
熟核桃仁 150 克
熟瓜子仁 70 克
黑白芝麻 100 克
蔓越莓干 60 克
白酒 6 克
麦芽糖 50 克
玫瑰酱 50 克
蜂蜜 30 克
花生油 100 克
水 120 克
熟糯米粉 180 克

做法

1. 150 克转化糖浆倒入盆中，加入 50 克花生油、5 克枧水。

2. 将糖浆搅匀后加入 200 克中筋粉、10 克奶粉。

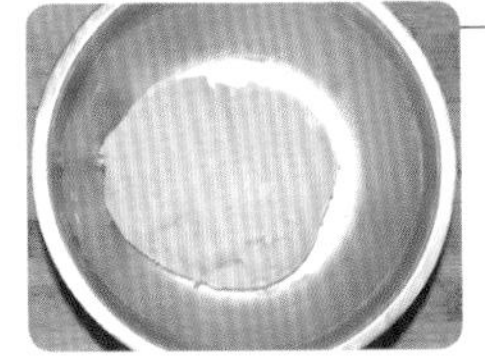

3. 用刮刀将盆中面粉拌成面团，盖好，放冰箱冷藏 2 小时。

4. 准备好 150 克熟花生仁、150 克熟核桃仁、70 克熟瓜子仁、100 克黑白芝麻。

5. 将干果仁放入保鲜袋擀碎后倒入盆中。

6. 在盆中加入 60 克蔓越莓干、6 克白酒、50 克麦芽糖、50 克玫瑰酱、30 克蜂蜜、100 克花生油、120 克水。

7. 盆中再加入 180 克熟糯米粉拌匀，盖好，静置 1 小时。

8. 把五仁馅料分成 35 克一个的圆团。

9. 把月饼皮面团分成 15 克一个。

10. 把月饼皮放在保鲜袋一侧，把保鲜袋翻折过来，将面皮擀薄。

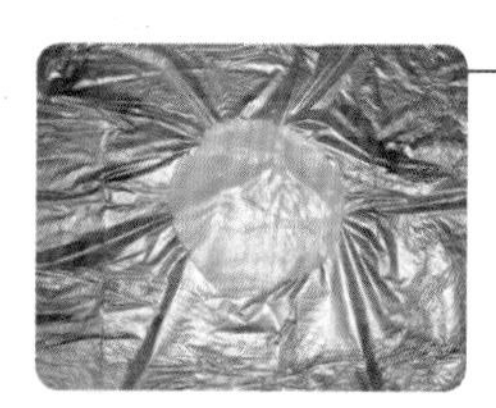

11. 打开保鲜袋。

12. 把馅放在皮上，用保鲜袋往上提，包住馅，然后去除保鲜袋，用手把口封紧。

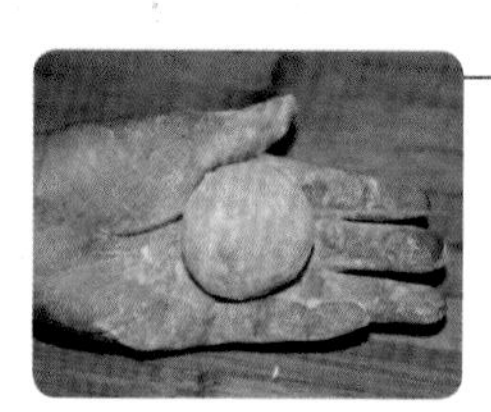

13. 面团揉圆后在熟糯米粉中滚一圈，抖落多余的散粉。

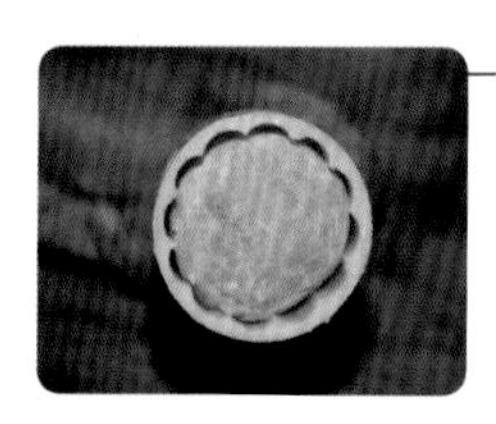

14. 将面团放入50克月饼模具中。

15. 按压模具后脱模。

16. 依次做好所有月饼，码放在不粘烤盘上，在月饼表面喷水。

17. 送入预热好的烤箱，中下层，上下火，200摄氏度烘烤5分钟。

18. 用蛋黄水（1个蛋黄+20克水）薄薄地刷在花纹凸起的地方。

19. 再次送入烤箱，中下层，200摄氏度烘烤15分钟，上色及时加盖锡纸。

二狗妈妈碎碎念

1. 选用您喜欢的干果，总重量在470克即可，以花生和核桃为主比较好吃，蔓越莓干可以用葡萄干替换。

2. 玫瑰酱可以用蜂蜜替换，白酒可以不放，放了更易于储存。

3. 转化糖浆、枧水是广式月饼的重要原料，请不要替换。

4. 我做的皮馅比例是3:7，做了26个，馅稍多了一点。您也可以做成2:8（皮10克，馅40克），也可以做成4:6（皮20克，馅30克），2:8的皮非常薄，不太好操作。

5. 做好的月饼，凉透后包好，室温回油2~3天后，饼皮变软再吃会更好吃哟。

云腿月饼

刁刁是我微信群的一位亲亲，在上海签售会时，她委托她在上海的朋友排队等了好久，给我送上了一大盒云腿月饼，她希望我可以吃到正宗的云腿月饼，并且能够做出配方……后来，在合肥的签售会上，乐乐妈给我拿过来一个大口袋，里面是刁刁送我的云腿，他是把云腿快递到乐乐妈家，再由乐乐妈专程赶到书城看我时交给我……真心感谢你们……感谢所有爱我的亲亲们……

原料

○ 月饼皮：
猪油 120 克
水 90 克
蜂蜜 30 克
中筋粉 300 克
无铝泡打粉 3 克

○ 云腿馅：
宣威云腿 200 克
蜂蜜 100 克
猪油 40 克
玉米油 40 克
糖 15 克
玫瑰酱 50 克
熟面粉 135 克

○ 其他：
红色色素水

做法

1. 200 克宣威云腿切厚片，用水泡 5 小时左右。

2. 云腿沥干水分后放进蒸锅中，大火烧开转中火，蒸足 20 分钟。

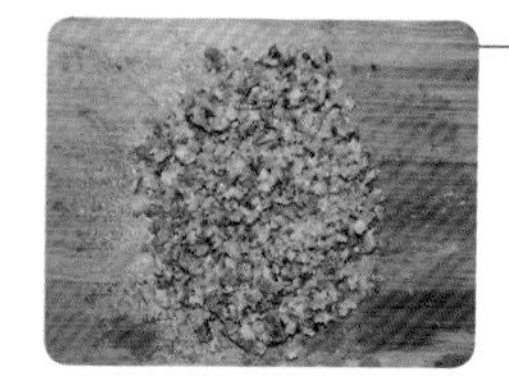

3. 蒸好的云腿稍凉后沥去汤汁，切成小丁。

4. 将云腿丁放入盆中，加入 100 克蜂蜜，拌匀盖好，放入冰箱冷藏至少 12 小时。

5. 冷藏好的云腿丁加入 40 克猪油、40 克玉米油、15 克糖、50 克玫瑰酱、135 克熟面粉。

6. 将盆中食材抓匀。

7. 将馅料分成 16 份，搓圆后放入冰箱冷藏。

8. 现在我们来做饼皮：120 克猪油放入盆中，加入 90 克水、30 克蜂蜜。

9. 盆中再加入 300 克中筋粉、3 克无铝泡打粉。

10. 用手将盆内食材拌匀后盖好，静置 20 分钟。

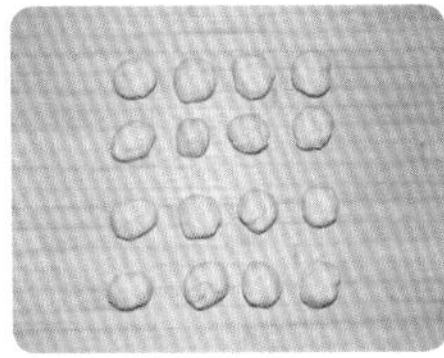

11. 将面团分成 16 份。

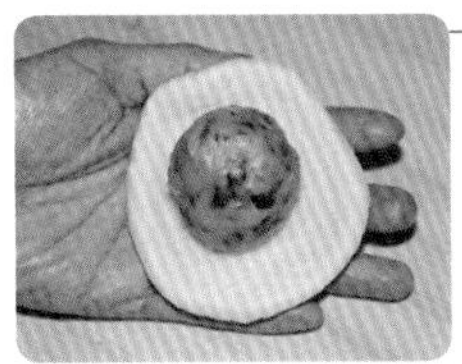

12. 将面皮擀开后包入一颗云腿馅。

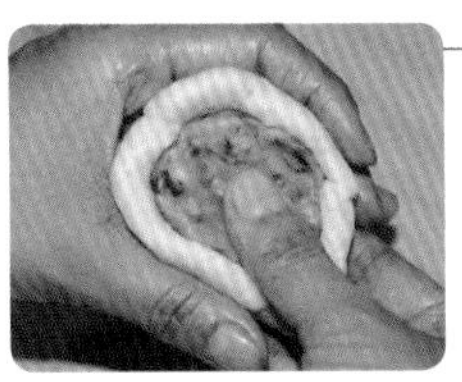

13. 左手虎口往上收，右手按着馅，边转边收。

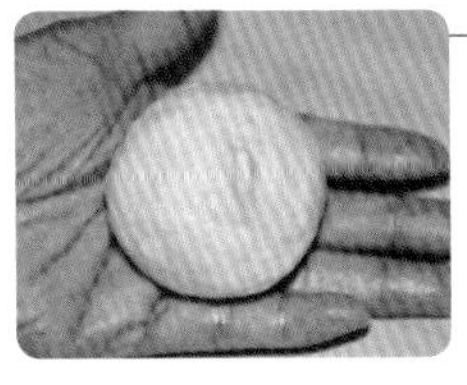

14. 左手转到收紧收口为止。

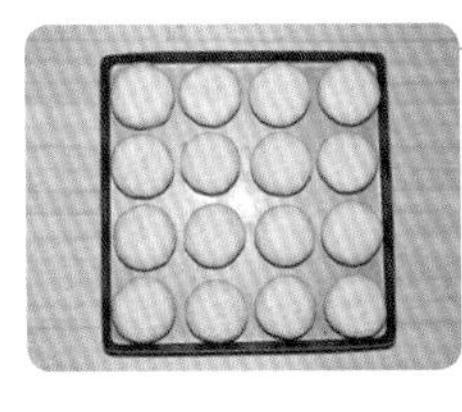

15. 收口朝下，按压在烤盘中。

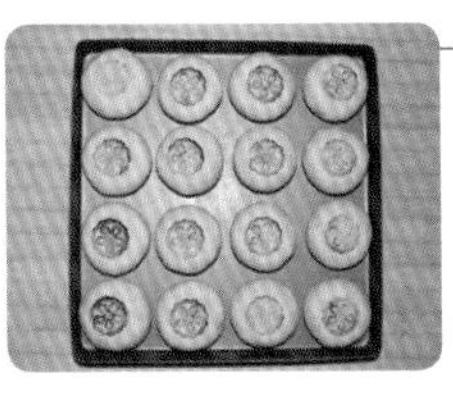

16. 用印章蘸红色色素水盖上花纹。

17. 放入预热好的烤箱，中下层，上下火，200 摄氏度烘烤 30 分钟，上色及时加盖锡纸。

二狗妈妈**碎碎念**

1. 云腿最好选用宣威的云腿，口感更好。
2. 玫瑰酱可以用蜂蜜替换，但放了玫瑰酱会更好吃。
3. 熟面粉就是把中筋粉放在无水无油的锅中，小火炒到微黄就可以了。
4. 云腿月饼最好是出炉热的时候吃，如果凉了，可以微波加热 30 秒后再吃。

凤梨酥

二狗妈妈碎碎念

1. 菠萝、凤梨都可以，注意水分一定要挤干，不然炒制的时候太费时间。
2. 打碎凤梨的时候注意不要打得特别碎，有点儿颗粒口感会更好。
3. 我做的皮和馅的比例是 1：1 的，如果您的水平比较高，也可以把皮的分量减少，馅的分量增加。
4. 面团会剩余一些，直接分成小块，揉圆按扁，170 摄氏度烘烤 20 分钟左右，出炉凉透就是饼干啦。

原料

● 凤梨馅：
凤梨 1 个约 1500 克
白糖 60 克
麦芽糖 70 克

● 皮：
无盐黄油 100 克
糖粉 20 克
蛋黄 2 个
低筋粉 130 克
奶粉 40 克

● 模具尺寸：
5 厘米 ×3.8 厘米 ×1.7 厘米

如果您学会了做凤梨酥，您就会有一种错觉，原来吃的那些凤梨酥难道都是假的吗？真的味道真的不一样哟……

做法

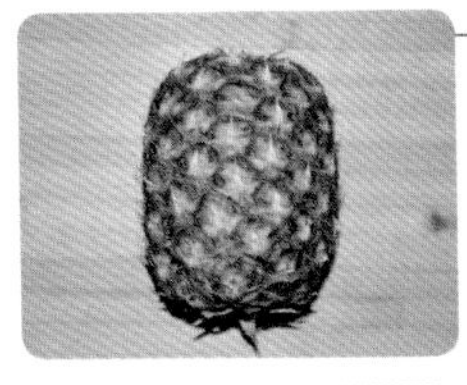

1. 一个凤梨（约 1500 克）。

2. 去皮切块，此时约有 900 克。

3. 打碎或者切碎。

4. 用纱布把水分挤出去，果肉直接放入不粘锅中。

5. 果肉加入 60 克白糖，中火炒至颜色变深，水分都炒干。

6. 加入 70 克麦芽糖。

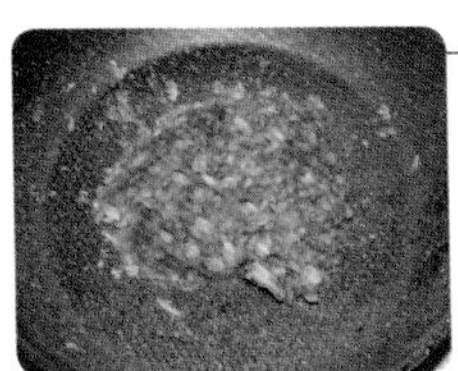

7. 炒匀后关火，凉透备用。

8. 100 克无盐黄油软化后加入 20 克糖粉。

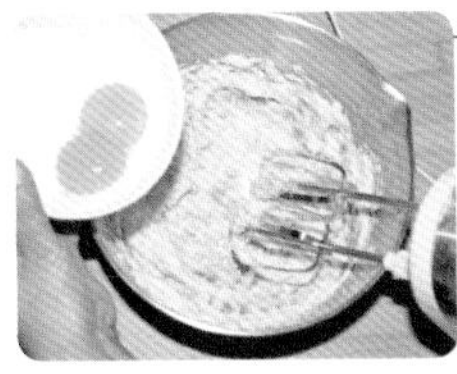

9. 用电动打蛋器打至颜色发白后，分次加入 2 个蛋黄，打匀。

10. 筛入 130 克低筋粉、40 克奶粉。

11. 揉匀。

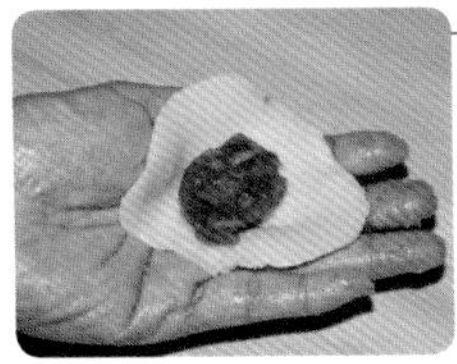

12. 取 15 克面团按扁，包入 15 克凤梨馅。

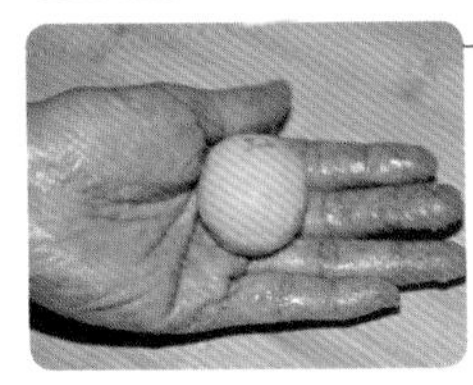

13. 揉圆。

14. 把凤梨酥模具放在不粘烤盘上，把包好的面团放在模具中，按压至和模具贴合。

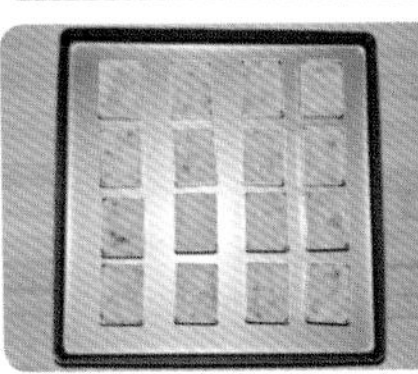

15. 依次做好所有生坯。

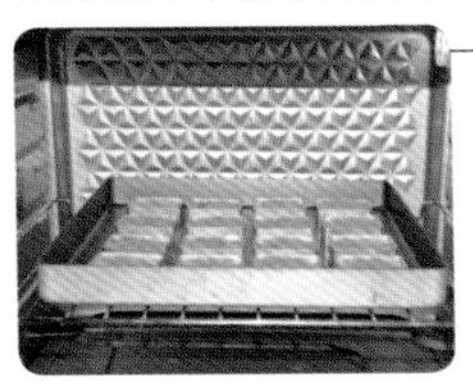

15. 送入预热好的烤箱，中下层，上下火，180 摄氏度先烤 10 分钟，再把所有生坯和模具一起翻面，180 摄氏度再烤 10 分钟，即可出炉，凉透再脱模。

鸡汁生煎包

8月，《二狗妈妈的小厨房之巧手家常菜》那本书的新书发布会定在了上海，我有幸感受了一把上海的早晨……悠闲地走在上海街头，看着街边随处可见的生煎铺，看着井然有序的排队的人们，再听着不少阿姨说着："给我拿中间的啦，中间的脆啦……不要三两，就要二两啦……"好有味道的上海，好有生活气息的上海……

原料

鸡爪冻：
鸡爪 800 克
料酒 30 克
花椒 2 克
葱 2 段
姜 4 片
盐 3 克

馅：
猪肉馅 300 克
蚝油 30 克
料酒 10 克
香油 5 克
盐 3 克
白胡椒粉 1 克
鸡爪冻 180 克

包子皮：
水 180 克
酵母 3 克
中筋粉 320 克

表面装饰：
香葱碎适量
黑芝麻适量

做法

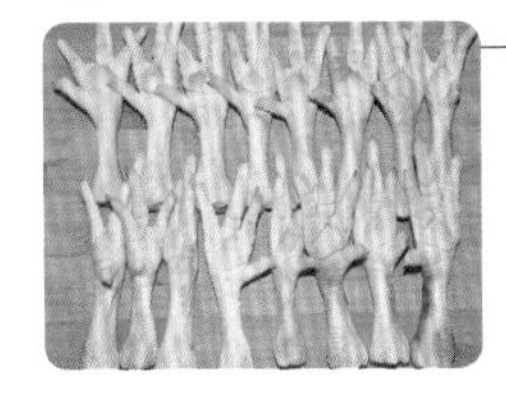

1. 准备 16 只鸡爪（约 800 克）。

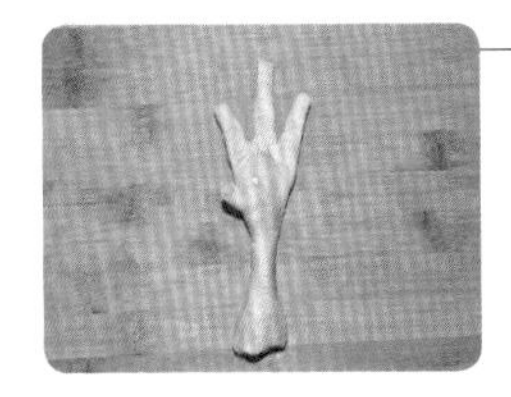

2. 把每只鸡爪的指甲都剪掉。

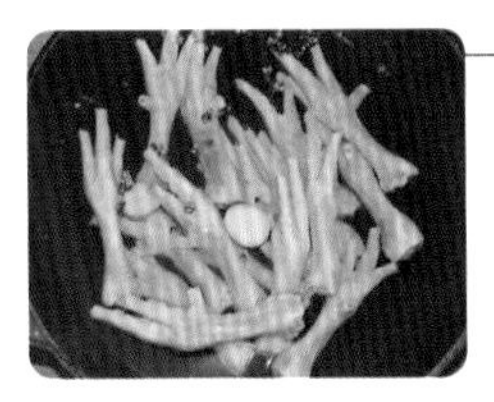

3. 把鸡爪放入锅中，加冷水没过鸡爪，加入 30 克料酒、2 片姜、2 克花椒。

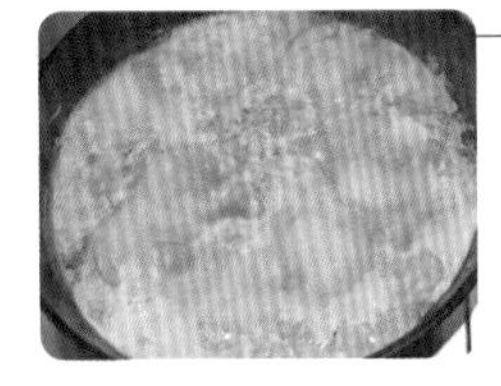

4. 不用盖锅盖，大火烧开，翻拌均匀后，煮 2 分钟，关火。

5. 把鸡爪捞出用水洗净再放入锅中，加冷水没过鸡爪，加入 2 段葱、2 片姜、3 克盐。

6. 大火烧开转中火，炖足 60 分钟，一直到汤变得只有一半的时候关火。

7. 把鸡爪捞出，汤倒入盆中，自然冷却后冰箱冷藏至少 4 小时。

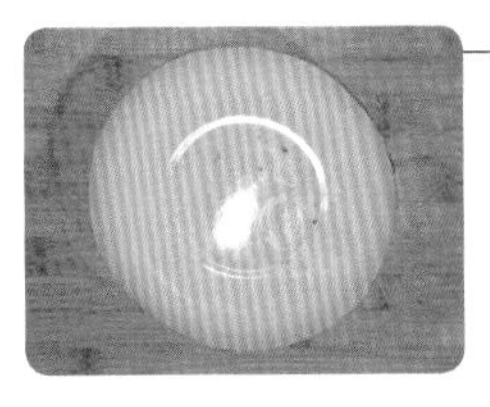

8. 鸡爪汤凝固后变成了鸡爪冻，从盆中取出切 180 克。

9. 鸡爪冻中加入 300 克猪肉馅、30 克耗油、10 克料酒、5 克香油、3 克盐、1 克白胡椒粉。

10. 将盆中材料拌匀后放入冰箱冷藏备用。

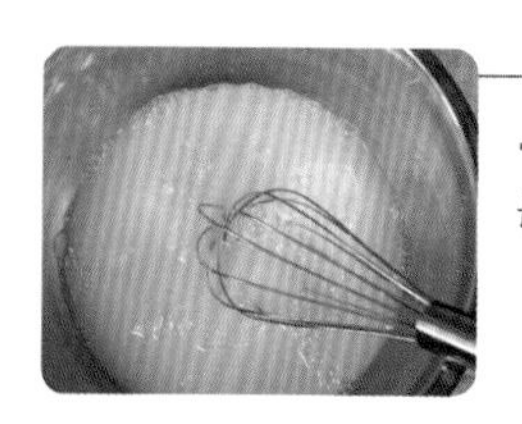

11. 180 克水加 3 克酵母搅拌均匀。

12. 在水中再加 320 克中筋粉。

13. 将面粉揉成面团，盖好，放温暖的地方发酵约 60 分钟。

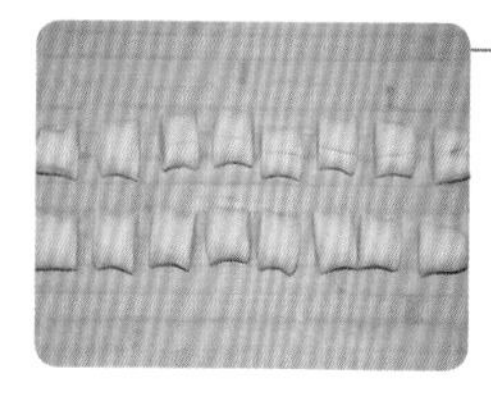

14. 案板上撒面粉，把面团放案板上揉匀，搓长，分成 16 份。

15. 取一份面团，擀开，包入肉馅。

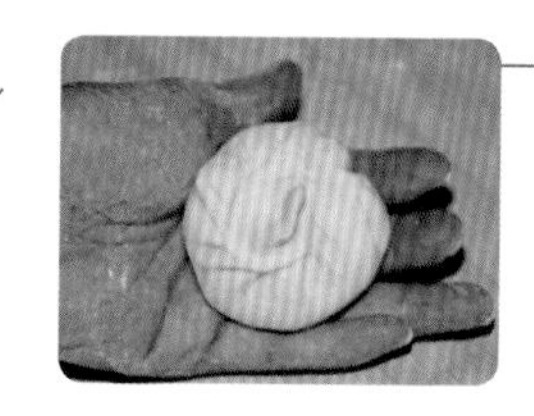

16. 捏紧面团收口。

17. 收口朝下，码放在不粘平底锅中，锅底事先倒入约 50 克油。

18. 把锅放在灶上，开中火，盖好锅盖，大约 4 分钟后，倒入 100 克冷水，盖好锅盖。

19. 等水分都收干了，关火，撒香葱碎和黑芝麻，就可以出锅啦。

二狗妈妈**碎碎念**

1. 炖鸡爪的水一定要炖到变少约一半才可以，不然不容易凝结成冻。鸡爪捞出后，可以蘸美极鲜吃。
2. 我包的包子稍有一点儿大，如果喜欢更小一点儿的，可以把面团再多分几个。
3. 刚出锅的包子，轻咬一个小口，把汤汁慢慢吸干再吃，不然汤容易烫嘴。

油酥肉火烧

刚做完这款肉火烧，我迫不及待地吃了一个，太好吃了，好吃到我根本等不到书出版，这个配方就赶紧在微博中发布了，发布就发布吧，还要在直播里教大家，您说我这是什么心态？我妈说我这是“狗窝里藏不住个剩馍馍”！如果想看直播视频，去看2017年10月28日的“一直播”吧！老详细了！对了对了，直播完后，粉丝们纷纷做起了这款美食，都大呼好吃，好吃到“飞起来”的那种哟！

原料

火烧皮：
水 230 克
酵母 3 克
中筋粉 350 克

油酥：
中筋粉 50 克
热油 40 克
盐 4 克

猪肉大葱馅：
猪肉馅 340 克
鸡蛋 1 个
生抽 8 克
黄豆酱 25 克
香油 8 克
葱碎 50 克
盐 4 克

做法

1. 230 克水放入盆中，加入 3 克酵母搅匀，再加入350克中筋粉，揉成面团，盖好，放温暖的地方发酵约 1 小时。

2. 340 克猪肉馅放入碗中，加入 1 个鸡蛋，顺一个方向搅肉馅 。

3. 肉馅再加入 8 克生抽、25 克黄豆酱、8 克香油、50 克葱碎、4 克盐。

4. 肉馅拌匀后，冰箱冷藏备用。

5. 50 克中筋粉放入碗中，加入 4 克盐、40 克热油拌匀备用，这是油酥面团。

6. 面团发酵好后，明显变胖。

7. 案板上抹油，双手抹油，把面团直接按扁后，用手压成大薄片。

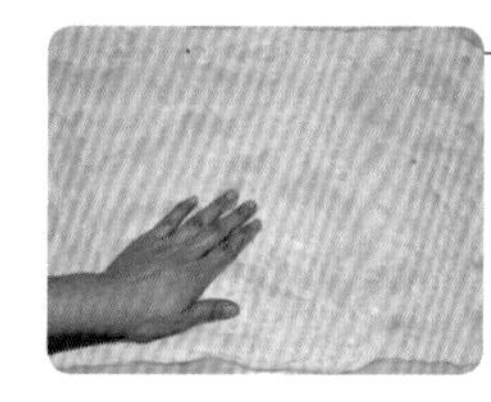

8. 把油酥面团均匀地抹在大面片上。

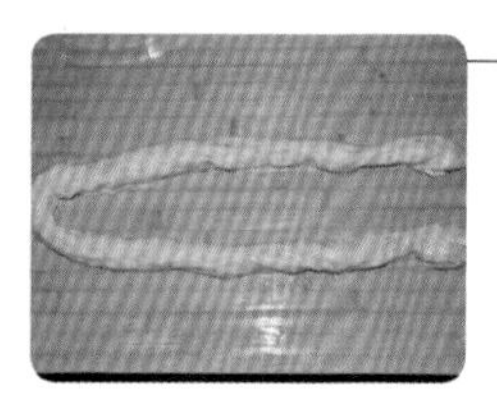

9. 将面皮卷起来。

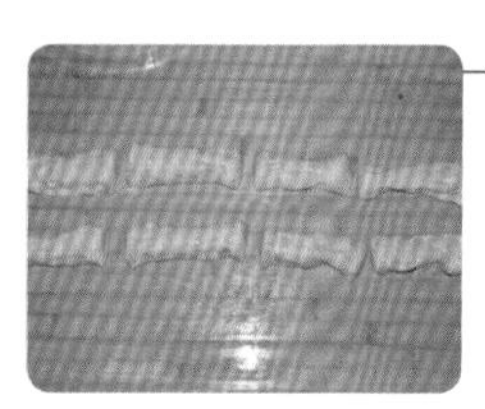

10. 将面团分成 8 份。

11. 取一段面团，把收口朝上，3折后按扁。

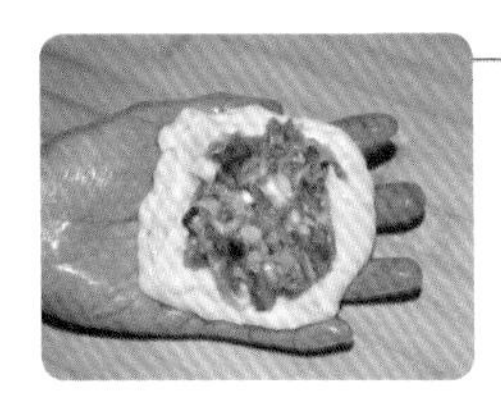

12. 将馅料包入面皮中。

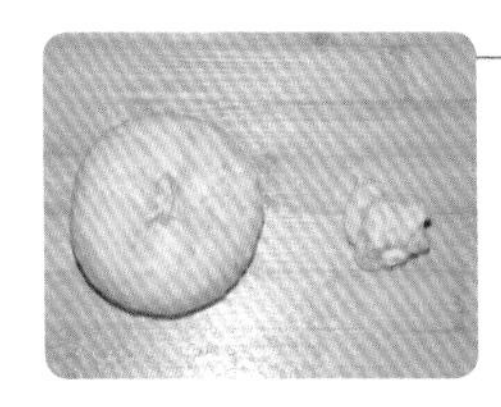

13. 慢慢地捏紧收口，揪掉“小尾巴”。

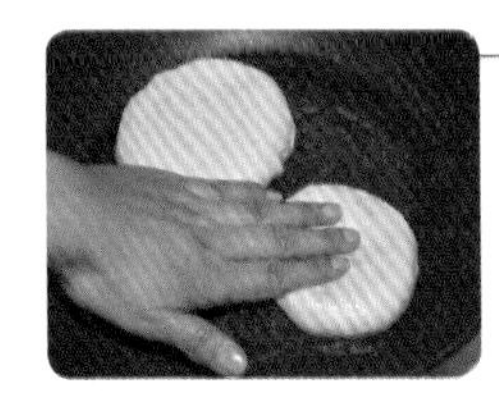

14. 平底锅大火烧热，放入10克左右的油，将饼放入锅中，稍按平。

15. 中火煎至两面金黄即可关火。

16. 将饼码放在不粘烤盘上。

17. 将烤盘送入预热好的烤箱，中层，上下火，200摄氏度烘烤15分钟。

二狗妈妈碎碎念

1. 油酥可以用热油，也可以用凉油，热油起酥效果更好一些。

2. 面团的含水量太大，特别粘手，揉的时候千万别着急，最好是折叠面团后用拳头捶，这样会好操作一些。

3. 猪肉大葱馅可以换您喜欢的任何馅料，肉馅的更香。

4. 如果没有烤箱，那就用平底锅多烙一会儿，最后的几分钟不盖锅盖，多翻几次面，把表皮的水分烙干一些会更好吃。

烤包子

娟子是回民，她总是能做出非常好吃的羊肉、牛肉美食，这道烤包子，是她微信语音给我，分享给我她的做法。我做的和她稍有不同，但真的很好吃，羊肉很嫩哟……当然，这道美食一定要趁热吃哟……

原料

包子馅：
羊腿肉 360 克
植物油 15 克
生抽 20 克
黑胡椒粉 1 克
孜然粉 2 克
花椒油 2 克
盐 3 克
胡萝卜丁 60 克
洋葱丁 130 克

包子皮：
水 210 克
中筋粉 400 克

其他：
全蛋液适量
白芝麻适量

做法

1. 准备好 60 克胡萝卜丁、130 克洋葱丁。

2. 360 克羊腿肉切丁，放入 15 克植物油、20 克生抽、1 克黑胡椒粉、2 克孜然粉、2 克花椒油、3 克盐抓匀，腌制 10 分钟。

3. 大火烧热炒锅，放入 20 克油，把洋葱丁和胡萝卜丁放锅中炒软。

4. 把羊肉放进锅中，炒到一变色就关火，盛出凉透备用。

5. 210 克水倒入盆中，加入 400 克中筋粉揉成面团，盖好，静置 30 分钟。

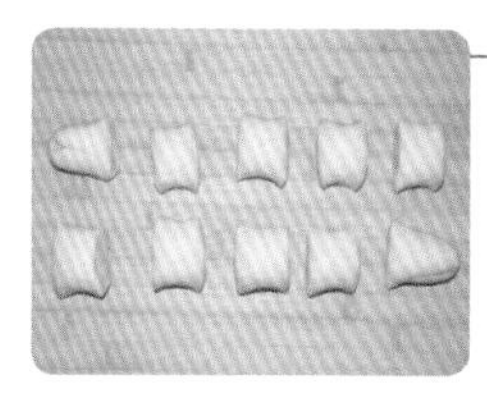

6. 把面团放案板上揉匀后搓长，分成 10 份。

7. 取一块面团擀薄，边上抹全蛋液，把羊肉馅放在面皮中间，上下对折。

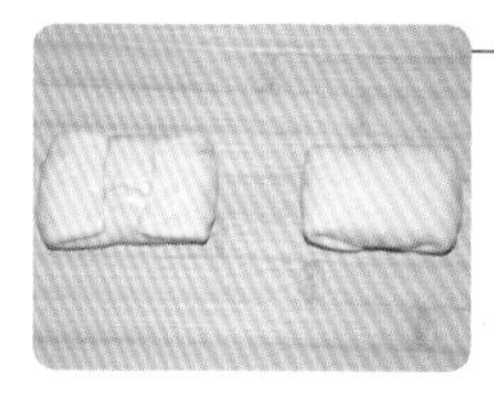

8. 再将面皮左右对折，把收口朝下。

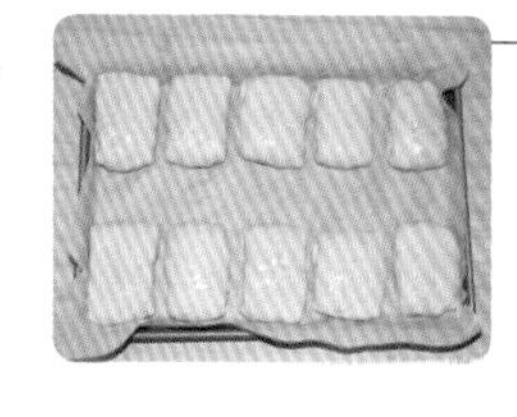

9. 依次做好 10 个，码放在铺好油纸的烤盘上，表面刷全蛋液、撒白芝麻。

10. 送入预热好的烤箱，中下层，上下火，200 摄氏度烘烤 25 分钟。

二狗妈妈**碎碎念**

1. 羊腿肉比较瘦，所以我加了 15 克植物油。当然，也可以用羊肥肉，我个人不太喜欢。
2. 羊肉只要一变色就关火出锅，这时候是半熟的，再一烤制，就全熟了，而且会非常嫩。
3. 包子皮边上刷全蛋液要薄一些，是为了更好地黏合。

褡裢火烧

先生爱吃的一款小吃，我常常说：“不就是包成长方形的包子嘛……”每当这时他都会给我一个严厉的眼神：“你懂啥？”

原料

○皮：
水 100 克
中筋粉 160 克

○黄馅：
猪肉馅 200 克
大葱碎 40 克
蚝油 30 克
香油 5 克
黄豆酱 20 克
酱油 8 克
鸡蛋半个（约 25 克）

做法

1. 100 克水倒入盆中，加入 160 克中筋粉。

2. 将面粉揉成面团，盖好，静置 30 分钟。

3. 200 克猪肉馅放入碗中，加入 40 克大葱碎、30 克蚝油、20 克黄豆酱、5 克香油、8 克酱油、半个鸡蛋。

4. 肉馅搅匀后入冰箱冷藏备用。

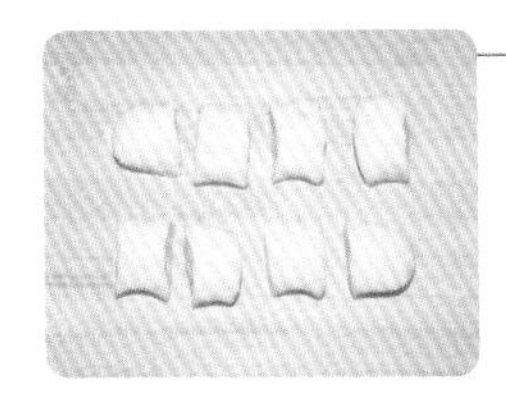

5. 静置好的面团放在案板上揉匀，搓长后分成 8 份。

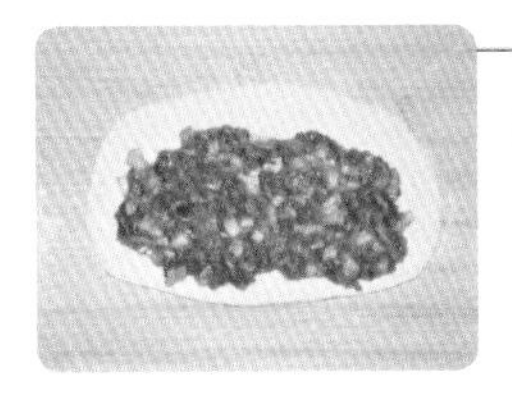

6. 取一块面团擀开，铺上肉馅，抹平。

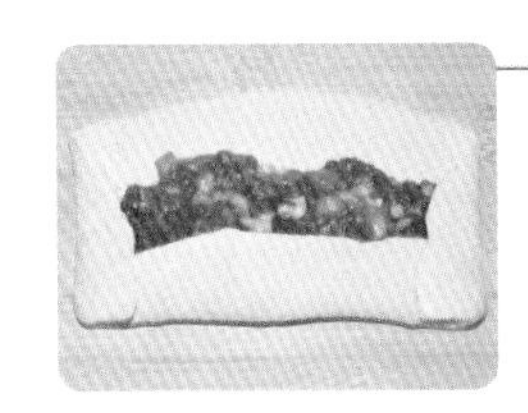

7. 先把面团的底边往上折，再把两端折过来。

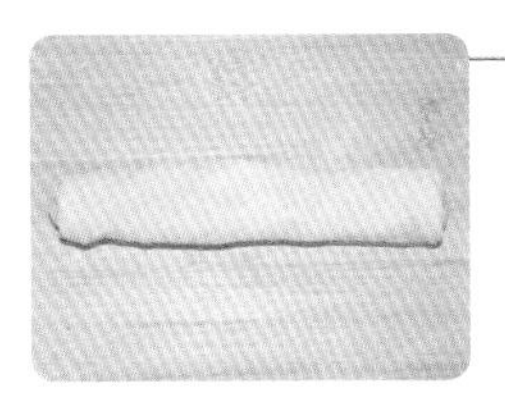

8. 将面团往上卷起来，用水封口。

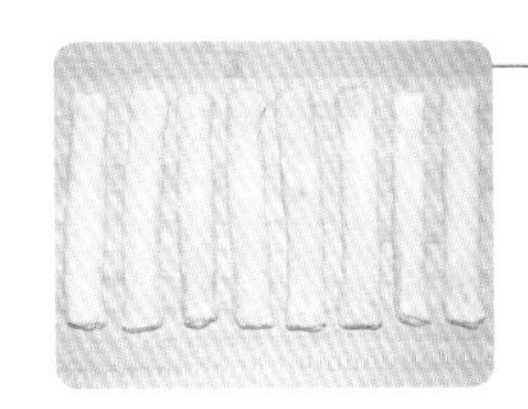

9. 依次做好所有生坯。

10. 平底锅里放多一些油，把生坯码放进去，开中火，盖锅盖。

11. 煎至两面金黄即可出锅。

二狗妈妈碎碎念

1. 馅可以根据自己喜好更换，不建议包素馅，因为不太好操作。

2. 煎火烧的时候油要多一些，火要中火。

门钉肉饼

原料

● 肉饼皮：
水 180 克
中筋粉 280 克

● 肉饼馅：
牛肉馅 260 克
大葱末 120 克
花椒水 20 克
葱姜水 20 克
蚝油 10 克
香油 10 克
老抽 5 克
黄豆酱 20 克
酱油 5 克
十三香 1 克

花椒水：2 克花椒 +50 克开水
葱姜水：10 克葱段 +5 克姜片 +50 克开水

门钉肉饼其实就是牛肉大葱馅饼，但和一般馅饼的形状稍有不同，这些小饼个头不大，厚实，像古时候大门上的“门钉”，其实就是烙的时候有一点儿小窍门而已啦……

做法

1. 准备好花椒水和葱姜水。花椒水：2克花椒加50克开水凉透即可。葱姜水：10克葱段、5克姜片加50克开水，凉透即可。

2. 260克牛肉馅放入盆中，分两次加入20克花椒水搅匀，再分两次加入20克葱姜水搅匀。

3. 盆中再加入10克蚝油、10克香油、5克老抽、20克黄豆酱、5克酱油、1克十三香调料。

4. 肉馅顺一个方向搅上劲儿后，加入120克大葱末，不用搅匀，冰箱冷藏，等待面团静置好该包入馅时再搅匀使用。

5. 180克水倒入盆中，加入280克中筋粉揉成面团，盖好，静置30分钟。

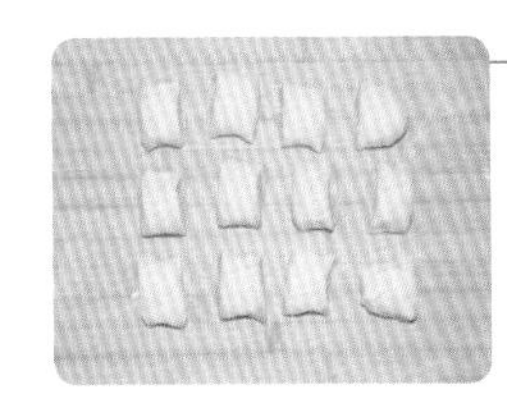

6. 案板上撒面粉，把静置好的面团放案板上稍揉，分成12份。

7. 用手把面团按扁，稍捏成圆片，放入牛肉馅。

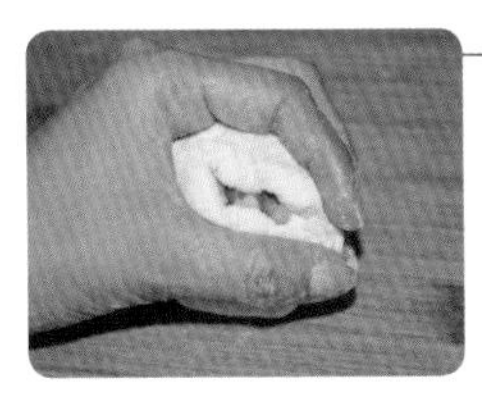

8. 用虎口往上收，包住馅料。

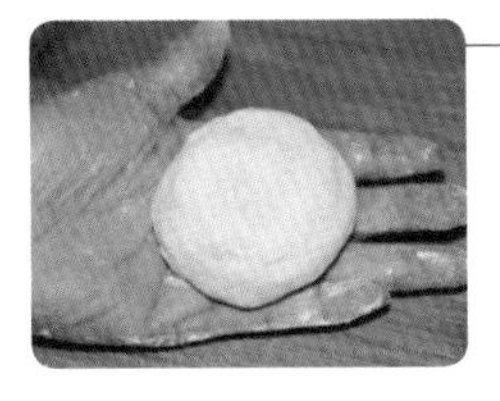

9. 捏紧收口，收口朝下，一个生坯就做好了，依次把12个都做好。

10. 平底锅大火烧热转小火，放油铺满锅底，把生坯用手捏得稍高一些放入锅中。

11. 盖好锅盖，每面烙制约5分钟，呈两面金黄。

12. 再把小肉饼侧面烙黄一些就可以出锅啦。

二狗妈妈**碎碎念**

1. 肉饼皮面团比较软，千万不要再往里加干面粉，不然皮硬了不好吃。
2. 牛肉馅里要分次加入花椒水和葱姜水，每次都要搅到牛肉馅完全吸收了再加下一次。
3. 牛肉馅加入调料后，要顺一个方向不停搅，搅到上劲儿后再加入大葱末，等该包的时候再把葱末和牛肉馅搅匀，过早让葱接触调料，烙好后会有臭葱味儿。
4. 烙制的时候，用手往高提一提肉饼生坯，这样才容易烙出有厚度的肉饼。

香河肉饼

原料

● 肉饼皮：
中筋粉 550 克
水 400 克

● 猪肉大葱馅：
猪肉馅 500 克
酱油 15 克
老抽 6 克
盐 6 克
五香粉 1 克
水 100 克
大葱碎 150 克
香油 15 克

植物油 50 克

早几年，我家小区门口有一家香河肉饼小店，每次路过，我都会被香味儿吸引，当时我看着人家那一大盆提都提不起来的面团，一直感慨，这也太厉害了，这咋包呀……后来才发现，做这款饼，面皮的面团就得那样没有形，做出来才好吃，才能包进去大馅……

做法

1. 550 克中筋粉放入盆中，加入 400 克水。

2. 用筷子将面粉搅成面团，盖好静置 30 分钟。

3. 500 克猪肉馅放入盆中，加入 15 克酱油、6 克老抽、6 克盐、1 克五香粉，搅拌均匀。

4. 再分 4~5 次加入 100 克水，顺一个方向搅上劲儿。

5. 再加入 150 克大葱碎、15 克香油。

6. 全部搅匀后备用。

7. 手上沾面粉，从盆中揪出 1/3 面团，按扁，放入 1/3 的肉馅，双手边转边往上收。

8. 看肉馅已经被面皮包住 3/4 的样子，就可以提起面皮捏褶，把肉馅完全包起来，捏紧收口。

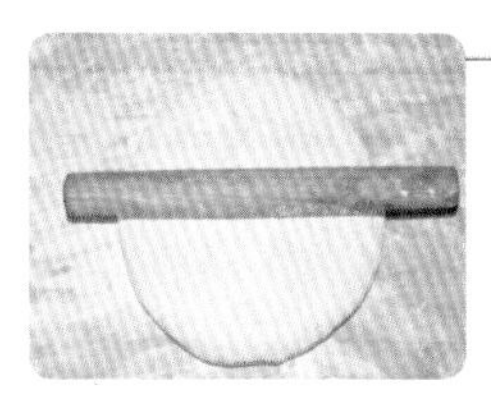

9. 案板上多撒一些面粉，把包好的肉饼轻放在案板上，用擀面杖轻压。

10. 将面团擀成圆饼，尽量薄一些。

11. 大火烧热平底锅，倒入 50 克左右植物油，把饼放入锅中，转中小火，盖好锅盖。

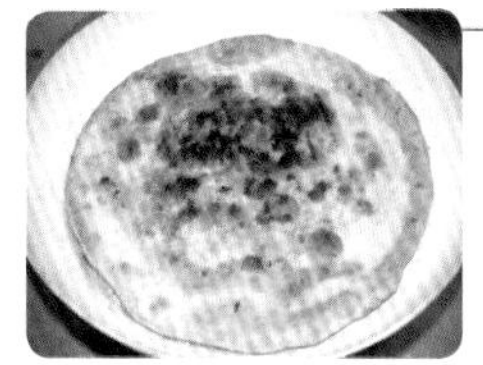

12. 约七八分钟后，翻面，再烙 5 分钟左右，即可出锅，烙这张饼的时候，做下一张饼，一共可做 3 张饼。

二狗妈妈**碎碎念**

1. 肉饼皮面团含水量非常大，所以用筷子搅匀即可。用手揪面团的时候，手上多一些面粉就行，如果觉得不好操作，也可以手上抹油再揪面团。
2. 猪肉大葱馅可以换您喜欢的肉馅，牛肉馅的也很好吃，如果用牛肉馅，那建议把 100 克水换成 100 克花椒水。
3. 把做好的饼往平底锅中放的时候，不要直接用手提，因为根本提不起来，可以用擀面杖放在饼的中间，把饼的左侧往右搭在擀面杖上，用手托住整个饼，放入锅中，擀面杖往左转，就可以把饼完整地放入锅中啦。
4. 烙饼的时候，锅中的油要多一些，这样烙出来的饼皮是脆的，非常好吃。

梅干菜麦饼

二狗妈妈**碎碎念**

1. 开水烫制的面团非常粘手，不用紧张，只要和成团即可。
2. 肉馅一定要稍肥一点儿才好吃。
3. 烙制的火候不要过大，出锅后最好用一块湿布盖好，这样吃的时候皮儿会很软。

原料

● 饼皮：
中筋粉 400 克
开水 160 克
冷水 120 克
白糖 15 克
十三香调料 1 克
香油 5 克
生抽 6 克
盐 6 克

● 梅干菜肉馅：
五花肉馅 250 克
梅干菜 60 克
植物油 30 克
香葱碎 50 克

薄薄的饼，夹着香到不行的肉馅，我还经常再卷一些黄瓜段一起吃，特别的好吃呢……

做法

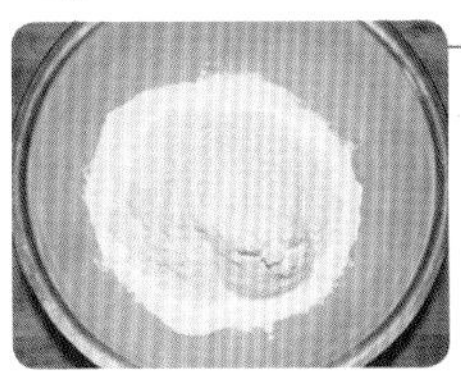

1. 400 克中筋粉倒入盆中。

2. 盆中加入 160 克开水迅速搅匀。

3. 盆中再加入 120 克冷水搅匀。

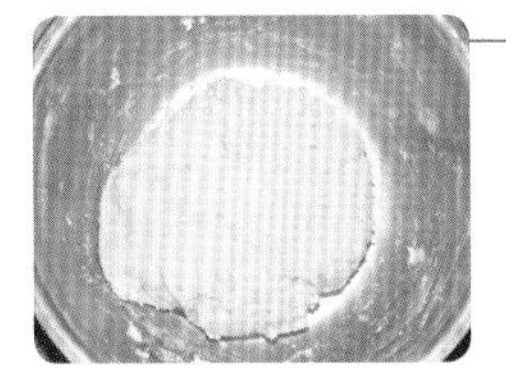

4. 和成面团(比较粘手，和成团就可以了)，盖好醒 30 分钟。

5. 250 克五花肉绞馅。

6. 60 克梅干菜用开水泡 15 分钟。

7. 泡好的梅干菜挤干水分备用，准备好 50 克香葱碎。

8. 大火烧热炒锅，加入 30 克植物油，把梅干菜在锅中煸炒 1 分钟，关火凉透。

9. 把炒好的梅干菜放入碗中，把肉馅和香葱也放入碗中，加入 15 克白糖、1 克十三香调料、5 克香油、6 克生抽、6 克盐。

10. 将碗中材料搅匀备用。

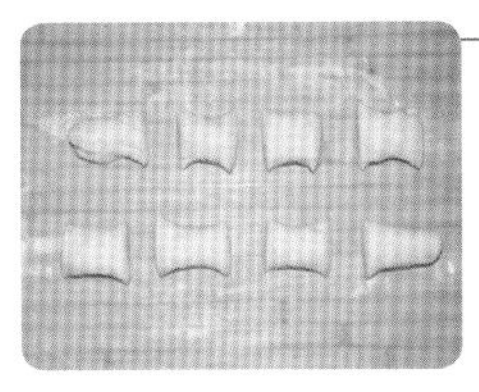

11. 案板上撒面粉，把面团放案板上搓长，分成 8 份。

12. 取一块面团按扁，包入梅干菜肉馅。

13. 将面团捏紧收口。

14. 将面团擀薄，依次做好 8 个麦饼。

15. 平底锅不用放油，大火烧热后转中火，放入麦饼，盖好锅盖，闷 2~3 分钟。

16. 翻面，再盖好锅盖，闷 2 分钟，两面变黄就可以出锅了，依次烙好所有麦饼。

菜团子

原料

皮：
- 玉米面 300 克
- 小米面 50 克
- 中筋粉 50 克
- 小苏打 3 克
- 温水 260 克

馅：
- 小白菜 750 克
- 虾皮 20 克
- 香油 20 克
- 盐 4 克
- 五香粉少许

在我家附近，有一家看着很高大上的京味酒楼，每次早上路过，外卖窗口前都排着大长队，我也凑热闹去买了一回，发现他家的菜团子很好吃耶。于是，在家就复制了一把，不同的是，人家的菜团子面皮是二合一发面团，也就是玉米面和白面 1∶1 的比例，用的是发面，咱在家做，增加粗粮的比例，不是吃着更健康嘛……

做法

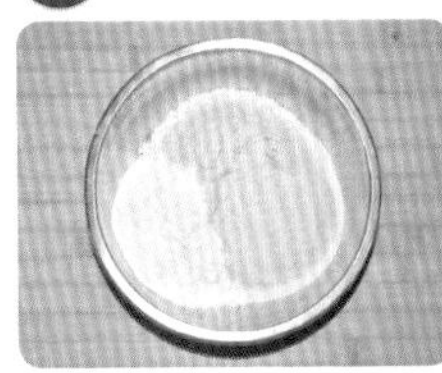

1. 300 克玉米面、50 克小米面、50 克中筋粉放入盆中。

2. 放入 260 克温水、3 克小苏打。

3. 用手抓匀，盖好，静置 30 分钟 。

4. 750 克小白菜择洗干净。

5. 锅中烧开水，把小白菜放入锅中，煮 1 分钟。

6. 把小白菜捞出后，用手攥净水分，切碎。

7. 再把切碎的小白菜攥干水分，放入盆中，加入 20 克虾皮、20 克香油、4 克盐、少许五香粉。

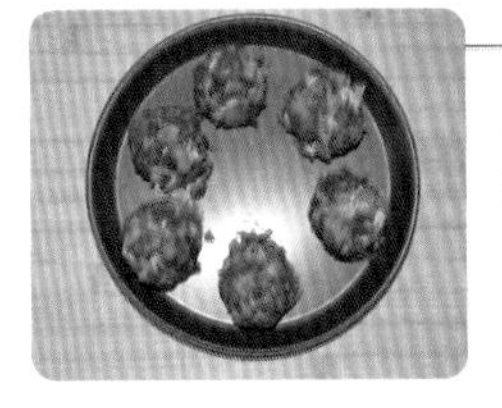

8. 拌匀后分成 6 份，揉圆备用。

9. 静置好的面团感受一下干湿度，如果觉得干可以再加一点儿水，分成 6 份。

10. 取一份面团揉圆按扁，放入一颗小白菜馅。

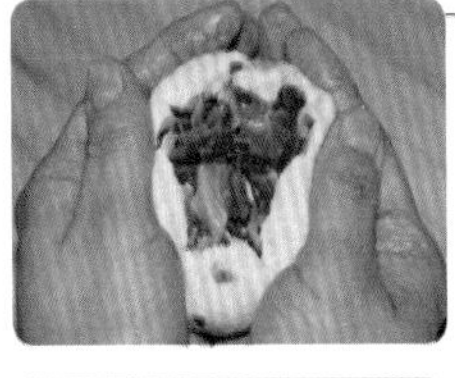

11. 双手捧着边转边收，把馅包进去。

12. 收好收口，揉圆。

13. 蒸锅烧开水，把做好的菜团子放入抹好油或铺了屉布的蒸屉中，中火蒸 20 分钟即可关火出锅

二狗妈妈碎碎念

1. 如果想吃更松软的，可以把小米面等量换成中筋粉，小苏打换成酵母，静置时间增加至 1 小时。
2. 如果想吃皮更薄的，可以把馅做好后冷冻至硬挺，直接在干的玉米面中滚一圈，静置 10 分钟后再在干玉米面中滚一圈，如此反复 3~4 次，就会有一层玉米面的皮，开水上锅蒸 20 分钟即可。
3. 小白菜可以换成您喜欢的绿叶菜，如果用野菜，建议放一些肉末，不然野菜口感太柴，不太好吃。

滋卷

无意中在电视上看到了滋卷，觉得一定很好吃，皮儿多薄呀，都能透出来，有韭菜，有鸡蛋，先生一定会爱吃的，所以我就学会啦！

原料

滋卷皮：

水 250 克

中筋粉 400 克

滋卷馅：

鸡蛋 3 个

红薯粉条（干的）60 克

北豆腐 200 克

韭菜 160 克

虾皮 20 克

香油 10 克

盐 8 克

十三香调料 1 克

其他：

植物油 10 克

做法

1. 250 克水加 400 克中筋粉搅匀后，揉成面团，盖好，静置 30 分钟。

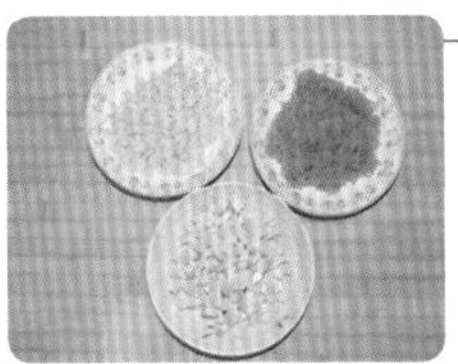

2. 3 个鸡蛋打散后炒熟铲碎，60 克红薯粉条开水煮软后切碎，200 克北豆腐切丁备用。

3. 160 克韭菜洗净切碎备用。

4. 不粘锅放 10 克植物油，把 20 克虾皮小火焙香，凉透备用。

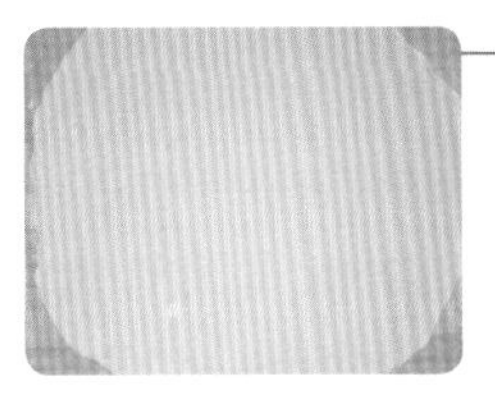

5. 把静置好的面团擀成一个大圆片，这时候去把蒸锅加足冷水，大火加热。

6. 然后再来拌馅，把所有馅料放在一个盆中，加入 10 克香油、8 克盐、1 克十三香调料，拌匀。

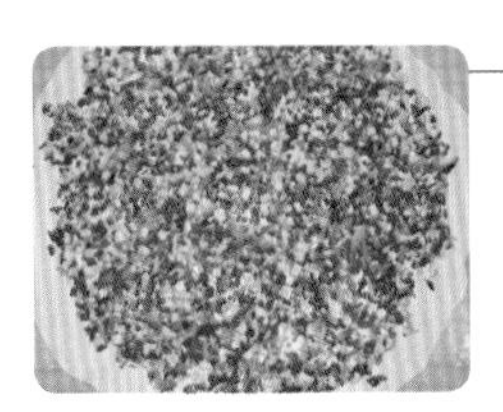

7. 将馅料平铺在圆面片上，注意边上不用铺。

8. 在面片中心掏一个洞，慢慢从洞口往外卷起来。

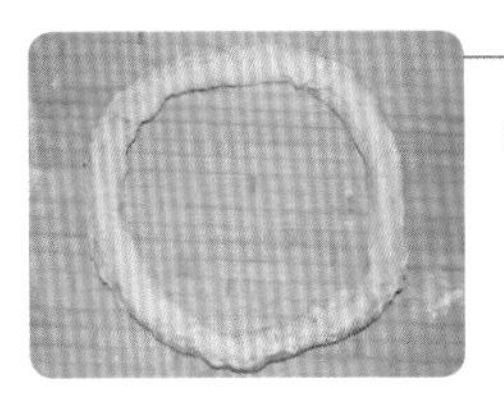

9. 卷好后捏紧收口。

10. 将做好的卷切成想要的长度，放入蒸屉，此时蒸锅水已烧开，把蒸屉放入蒸锅，大火蒸 8 分钟即可出锅，稍凉切大段，蘸汁食用。

11. 蘸汁：10 克蒜末、30 克醋、10 克生抽、15 克辣椒油，拌匀。

二狗妈妈碎碎念

1. 馅料备齐后，不要着急混合，一定要等到马上铺馅的时候再加料拌匀，这样不容易出水，蒸出来比较好看。
2. 滋卷皮面团不要做得太硬，不然不容易卷，蒸出来也会发硬不好吃。
3. 从中间往外卷的时候一定要边抻边卷，劲儿不能大。
4. 馅也可以换您喜欢的素馅。蘸汁根据个人喜好调整就好。

抄手

原料

● 鸡汤：
鸡腿1个（约160克）
水1500克
姜2片
花椒1克

● 抄手皮：
鸡蛋1个
水50克
盐2克
中筋粉200克

● 鲜肉馅：
猪肉馅250克
香葱30克
蚝油35克
香油10克
白胡椒粉1克

● 配料：
香葱碎适量
青菜叶适量
白胡椒粉适量

我不知道为啥馄饨要叫抄手，思来想去，是不是因为把两个角对折叠起来就像把两只手抄在一起一样呢？

做法

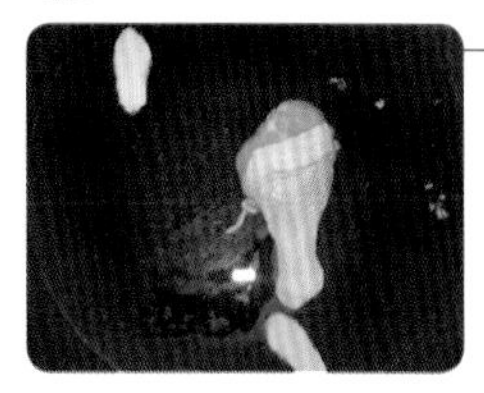

1. 1个鸡腿（约160克）放入锅中，加入约1500克水，放入2片姜、1克花椒。

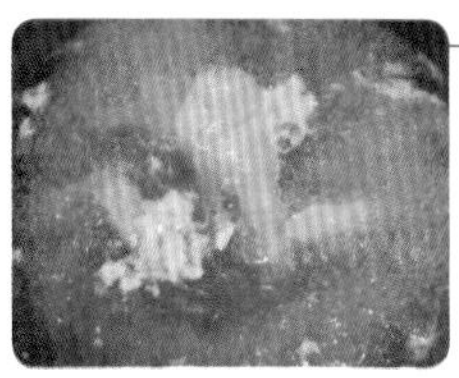

2. 将锅内火烧开转小火，炖足90分钟。

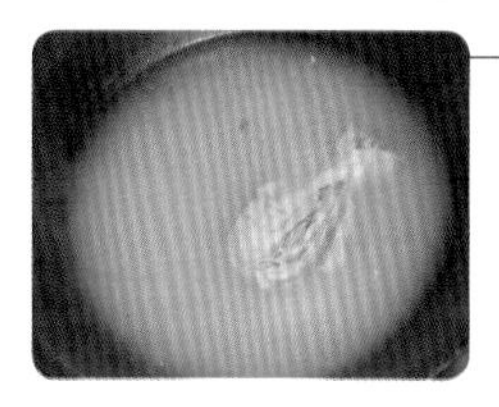

3. 炖好的汤呈奶白色。

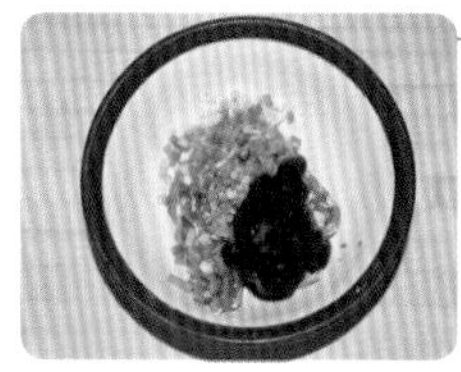

4. 取一个大碗，250克猪肉馅、30克香葱、10克香油、35克蚝油、1克白胡椒粉放入碗中，搅匀备用。

5. 1个鸡蛋、50克水、2克盐放入盆中搅匀。

6. 盆中加入200克中筋粉揉成面团，不用十分均匀，揉成团即可。

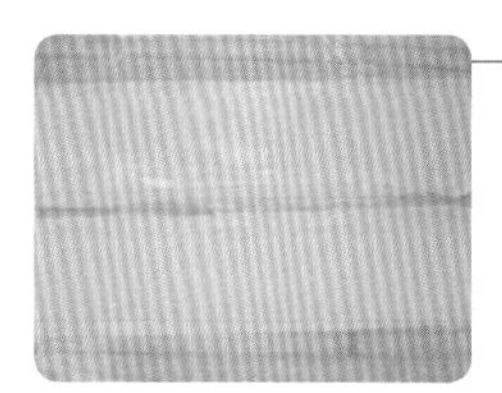

7. 用压面机反复压光滑，然后压成薄片。

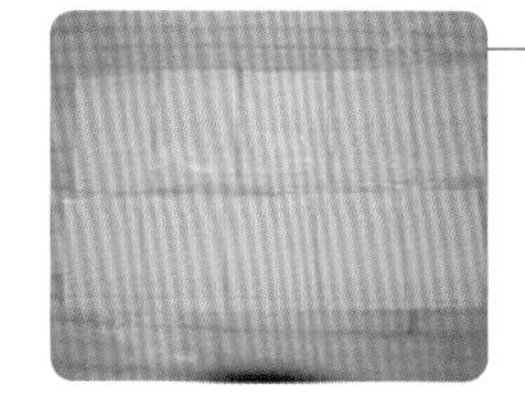

8. 切成边长约8厘米的正方形。

9. 取一张面皮，中间放肉馅，在皮的边上抹水。

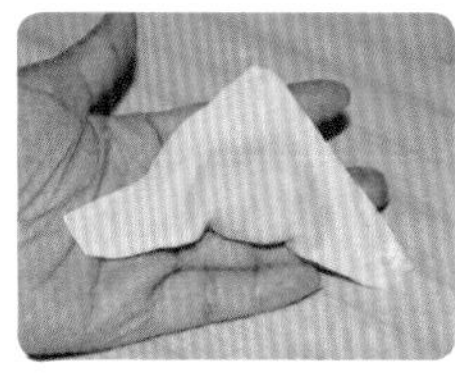

10. 将面皮对角对折。

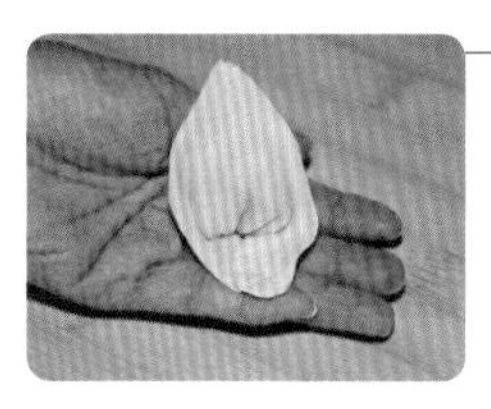

11. 再把下方两个角用水叠压在一起，捏紧。

12. 包好所有抄手。

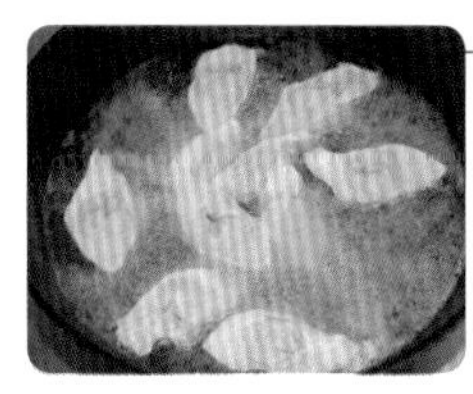

13. 锅内烧开水，把抄手下入锅中，点3次冷水，至抄手都浮在水面就可以关火了。

14. 把抄手捞出放在碗中，加入鸡汤，烫一点青菜，撒一点儿香葱碎和白胡椒粉就可以食用啦。

二狗妈妈碎碎念

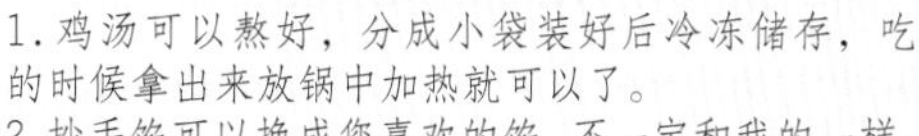

1. 鸡汤可以熬好，分成小袋装好后冷冻储存，吃的时候拿出来放锅中加热就可以了。
2. 抄手馅可以换成您喜欢的馅，不一定和我的一样。
3. 用压面机压出的抄手皮比较筋道，如果没有压面机，那就把面团努力揉匀后盖好静置30分钟，再用擀面杖擀薄就可以了。
4. 如果想吃红油抄手，那就不用熬鸡汤，调一个红油汁，把抄手煮好后直接放在红油汁里就可以食用了。红油汁的做法：油泼辣子30克、生抽15克、醋20克、蒜泥10克、姜末5克，拌匀就可以了。红油汁的口味可按自己喜好来调配。

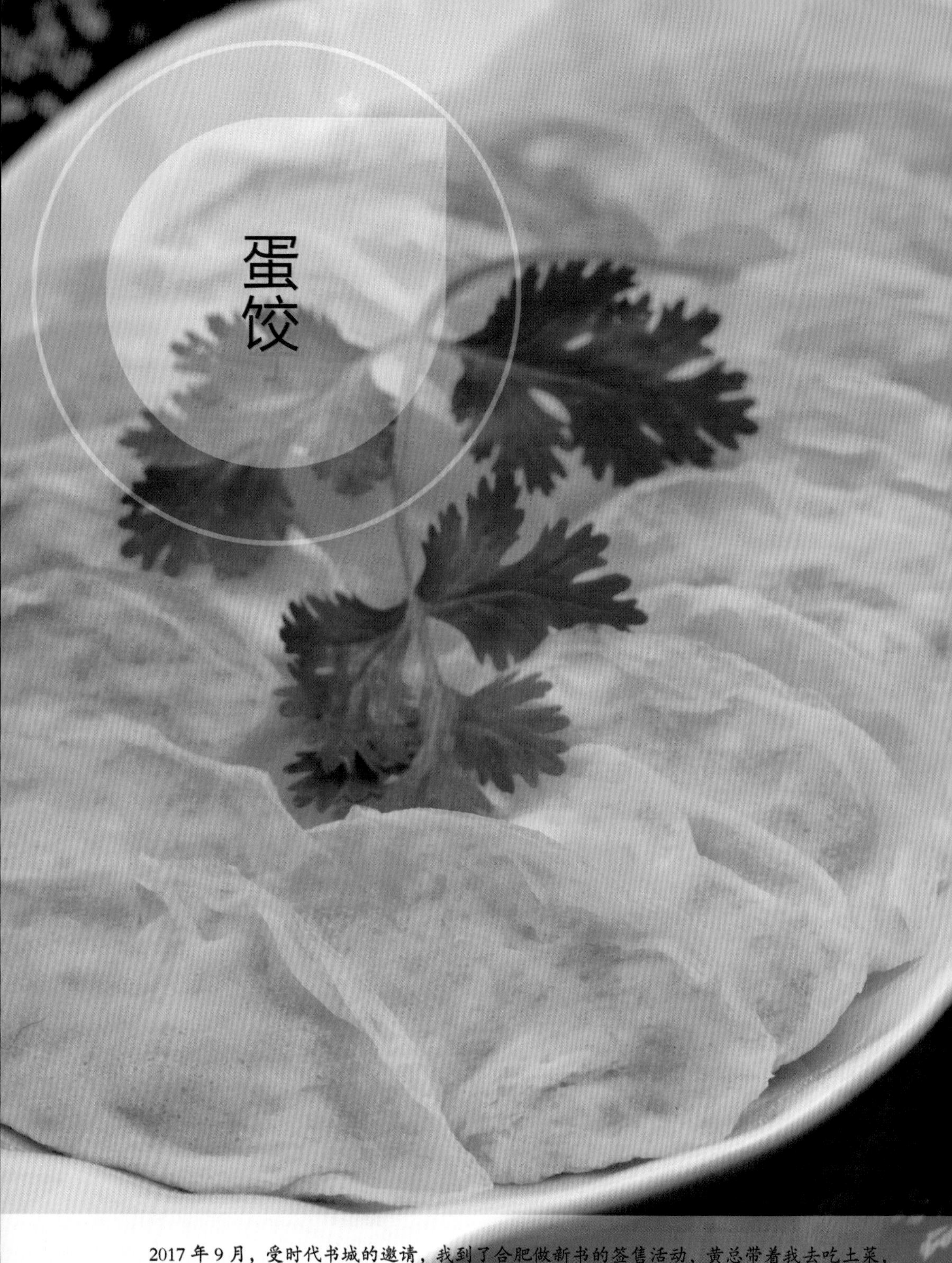

蛋饺

2017 年 9 月，受时代书城的邀请，我到了合肥做新书的签售活动，黄总带着我去吃土菜，一进门，就看到了一位大姐正在做蛋饺，我在人家身边看了半天，大姐说，饺子馅随你自己调，你看我这次做的是韭菜猪肉的，你也可以做白菜猪肉的，酸菜猪肉的，跟自家包饺子一样的，很简单的……于是，我回来学会了这道美味小吃……

原料

蛋饺皮：
玉米淀粉 3 克
水 8 克
鸡蛋 6 个

鲜肉馅：
猪肉馅 250 克
香葱 30 克
香油 8 克
蚝油 30 克
白胡椒粉 1 克
盐 2 克
水 10 克

做法

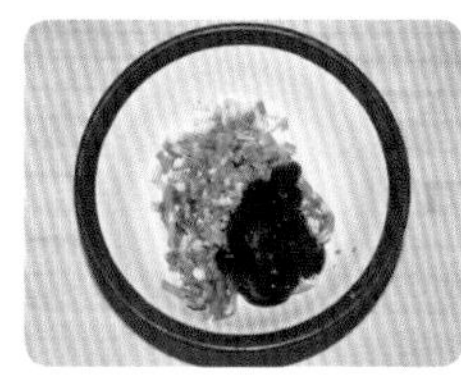

1. 取一个大碗，250 克猪肉馅、30 克香葱、8 克香油、30 克蚝油、1 克白胡椒粉、2 克盐、10 克水放入碗中。

2. 将肉馅搅匀备用。

3. 另取一个盆，3 克玉米淀粉加上 8 克水搅匀。

4. 盆中放入 6 个鸡蛋。

5. 将盆中鸡蛋充分搅匀。

6. 大勺抹少许油，小火加热后，放入一小勺蛋液，迅速旋转大勺，使蛋液铺满勺底，在蛋液一侧放入一点儿肉馅。

7. 将蛋皮对折，轻按住边缘。

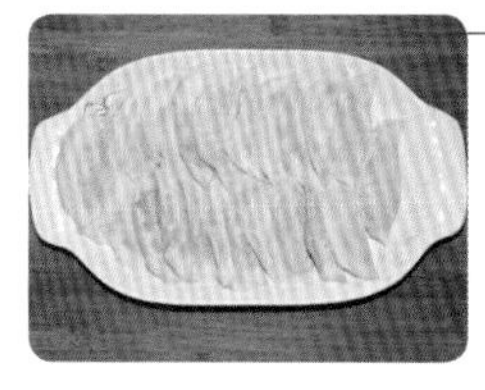

8. 依次做好所有的蛋饺，码放在盘子中。

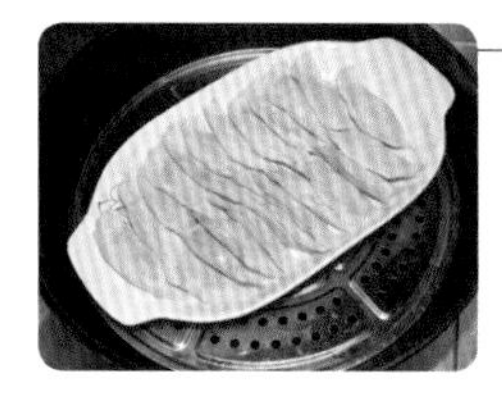

9. 锅中放入冷水，大火烧开后，把蛋饺盘子放入锅中，盖好锅盖，中火，蒸 8 分钟即可关火食用。

二狗妈妈碎碎念

1. 蛋液中加入少许水淀粉可以使蛋皮不容易破。
2. 蛋饺的馅可以换成您喜欢的馅，不一定和我的一样。
3. 大勺一定要提前抹油，油不能抹太多，用餐巾纸擦一层即可。
4. 一次性多做一些，可以冻起来，用来涮火锅、炖菜都可以哟。

本章节里的美味小吃，保存时间都会比较长，因为烘烤时间长，水分含量少，口感吃起来比较酥香，而且非常容易存放。石子馍、巧果、棒棒馍……每一种室温存放 1 周绝对不是问题，巧果如果完全晾干，1 个月也不会坏的……

06 CHAPTER

酥香易保存的美味小吃

炉果

丹娘娘年长我几岁，是我很爱的一位姐姐，每每直播我都会拿着我的抹布当请安布，给丹娘娘“请安”！炉果是东北的一种吃食，用丹娘娘的话说，咬到嘴里是“库叉库叉”的声响，酥脆极了！我和丹娘娘一同直播的时候，学会了这款吃食，配方改为了一烤盘的用量，现在分享出来给大家，一起“库叉库叉”吧！

水 30 克
臭粉 5 克
白糖 60 克
鸡蛋 1 个
大豆油 80 克
中筋粉 260 克
全蛋液适量
白芝麻适量

1. 30 克水倒入盆中，加入 5 克臭粉，搅拌均匀。

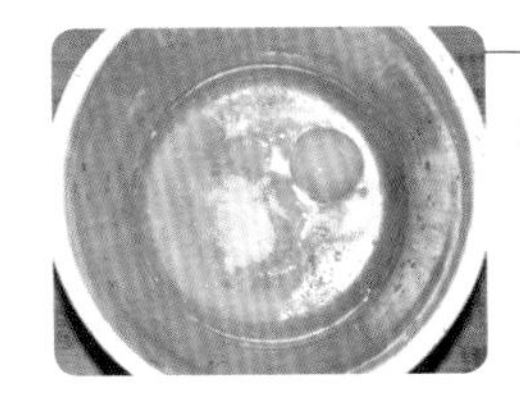

2. 盆中再加入 1 个鸡蛋、80 克大豆油、60 克白糖。

3. 食材搅匀后再加入 260 克中筋粉。

4. 用刮刀拌匀。

5. 在案板上铺保鲜膜，把面团放在保鲜膜上，用保鲜膜往上叠压成方形后，用擀面杖擀成厚约 1 厘米的厚片。

6. 表面刷蛋液后撒一层白芝麻。

7. 用刮板切成 2 厘米 × 3 厘米大小的小方块。

8. 用刮板铲方块，码放在不粘烤盘上。

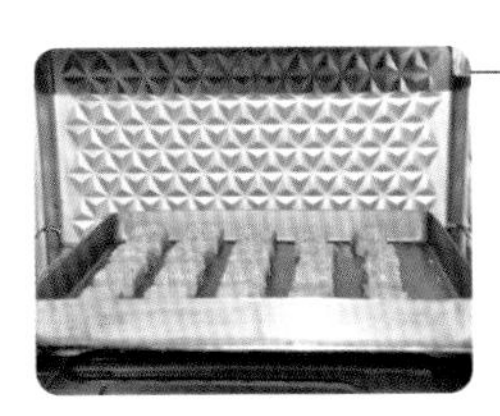

9. 送入预热好的烤箱，中下层，上下火，180 摄氏度烘烤 30 分钟，上色及时加盖锡纸。

二狗妈妈碎碎念

1. 大豆油可以用花生油替换，我觉得大豆油更香。
2. 臭粉可以用无铝泡打粉替换，但起发的效果稍有不同，不影响整体口感。
3. 如果喜甜，可以增加 20 克白糖。

棒棒馍

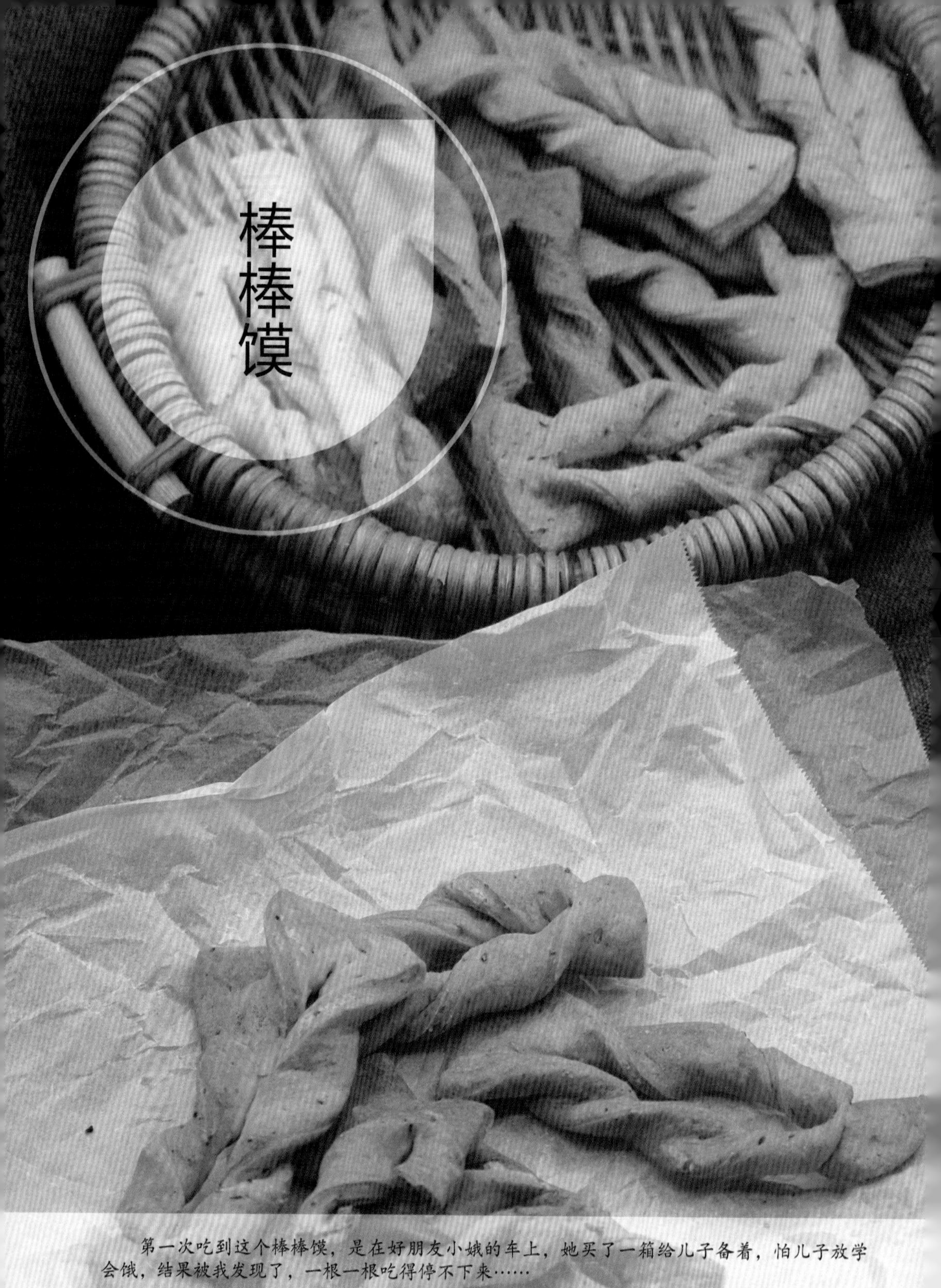

第一次吃到这个棒棒馍，是在好朋友小娥的车上，她买了一箱给儿子备着，怕儿子放学会饿，结果被我发现了，一根一根吃得停不下来……

原料

小茴香 6 克
鸡蛋 1 个
水 50 克
菜籽油 25 克
盐 3 克
中筋粉 200 克
无铝泡打粉 3 克

做法

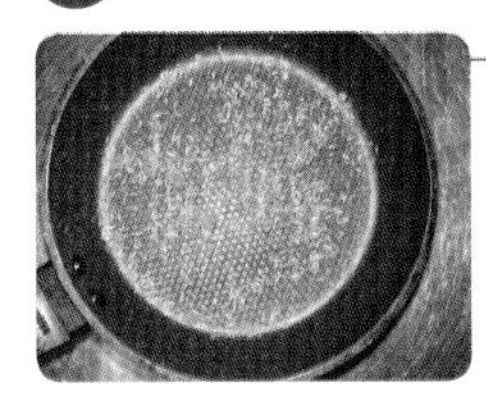

1. 6 克小茴香放在无油无水的锅中，小火煸香后等待凉透。

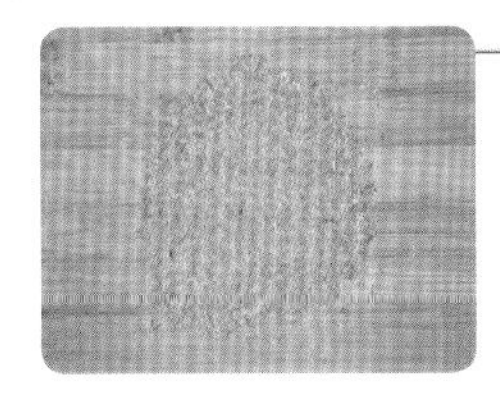

2. 把小茴香放案板上擀碎。

3. 把小茴香碎放在盆中，加入 1 个鸡蛋、50 克水、25 克菜籽油、3 克盐。

4. 将原料充分搅匀后，加入 200 克中筋粉、3 克无铝泡打粉。

5. 和成面团，盖好，静置 30 分钟。

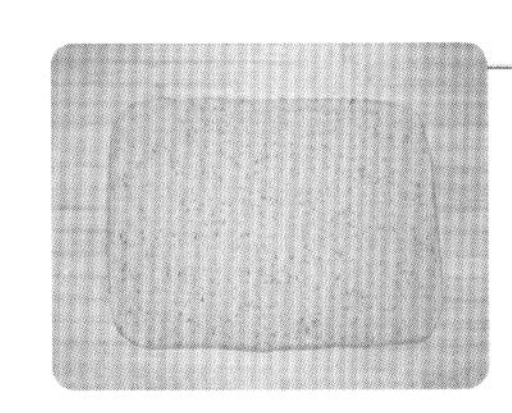

6. 把面团放案板上擀成长方形大薄片（厚约 2 毫米）。

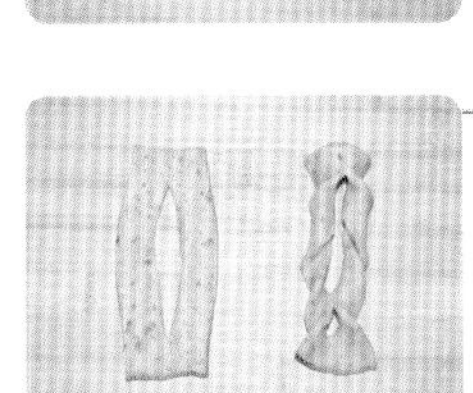

7. 切成宽约 3 厘米、长约 8 厘米的长方形小面片。

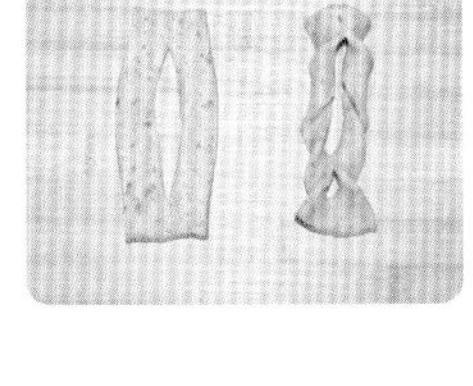

8. 中间划一刀（注意两头不要划断），把上端往下折，塞入中间切口，再把下端反方向往上折，塞入切口，整理成型。

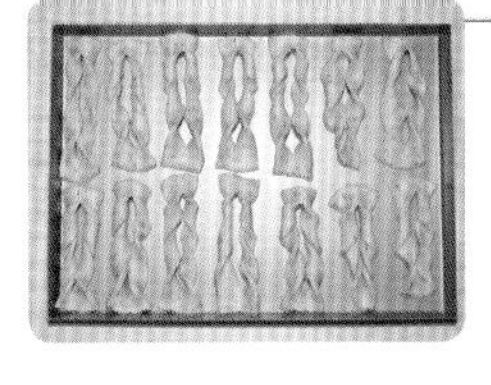

9. 全部做好后码放在不粘烤盘上。

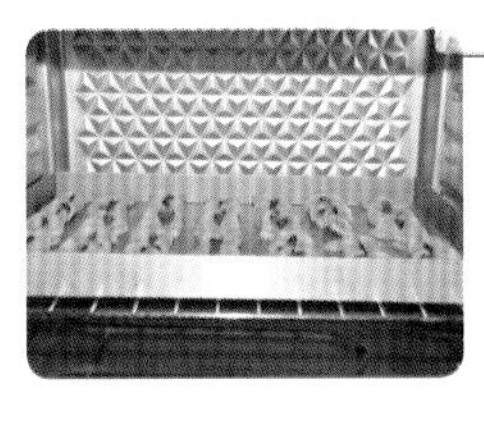

10. 送入预热好的烤箱，中下层，上下火，180 摄氏度烘烤 30 分钟，转 130 摄氏度烘烤 20 分钟，上色及时加盖锡纸。

二狗妈妈碎碎念

1. 菜籽油比较香，如果没有，您可以用您喜欢的植物油。
2. 烘烤一定要到位，要等到凉透后再吃。
3. 您可以翻倍制作，凉透用保鲜袋装好，可以保存 10 天左右。

杠子头火烧

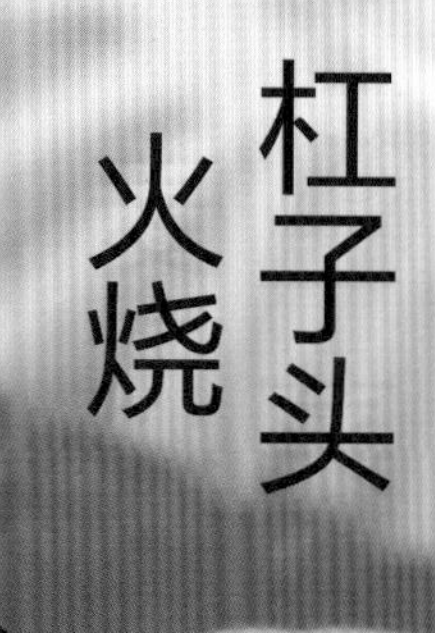

这款硬质火烧，特别适合泡在菜汤里吃，也可以切厚片，用各种蔬菜炒来烩着吃哟……

原料

水 180 克
玉米油 25 克
酵母 4 克
中筋粉 480 克
蜂蜜水（蜂蜜 10 克 + 水 10 克）
干面粉适量
白芝麻少许

做法

1. 180 克水、25 克玉米油倒入盆中，放入 4 克酵母搅匀后，加入 480 克中筋粉。

2. 将盆中的原料稍揉成面絮后，把面絮都倒在案板上，用擀面杖用力擀压，一直到没有干粉，成为一个光滑的面团。

3. 把面团放在盆中，盖好，在温暖处发酵约 60 分钟。

4. 发酵好的面团明显变大。

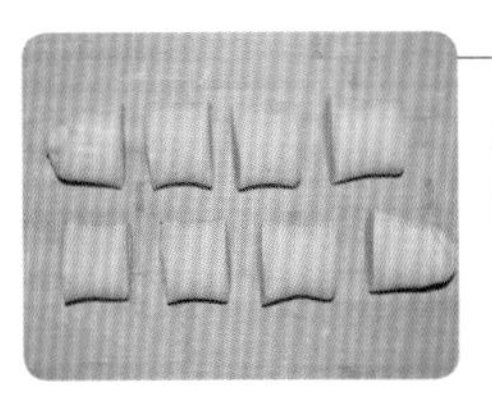

5. 把面团放在案板上搓长，分成 8 份。

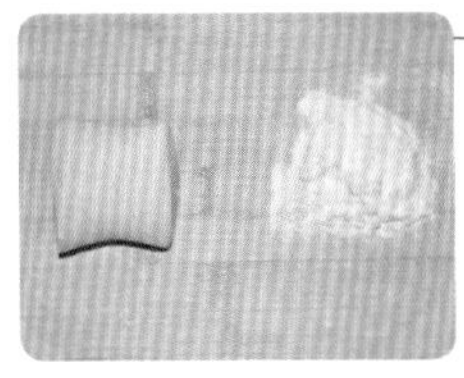

6. 取一块面团，旁边放 10 克干面粉。

7. 把面团放在干面粉上，用擀面杖擀开，折叠，再擀开，再折叠，一直到把干面粉都擀进面团中。

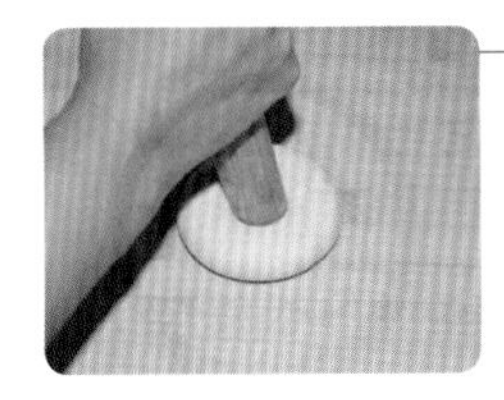

8. 用力把面团揉成圆形，擀成厚约 2 厘米的饼，用擀面杖把中间部分压下去。

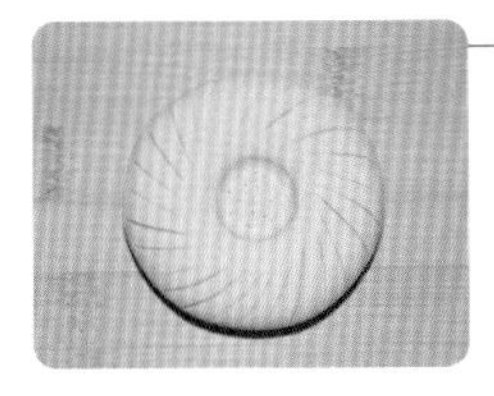

9. 在中心位置用牙签扎些小孔，用锋利的刀片在饼上划出花纹。

10. 依次把 8 个全部做好，码放在不粘烤盘中，盖好，静置 20 分钟。

11. 在表面刷一层蜂蜜水（10 克蜂蜜 +10 克水混合），在中间位置撒白芝麻。

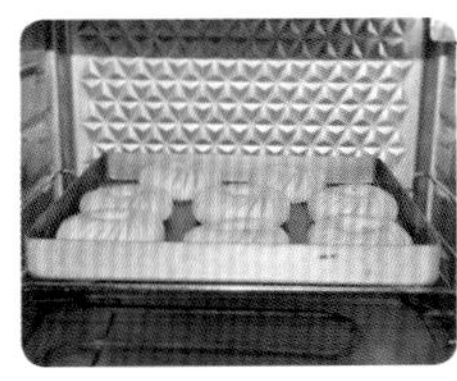

12. 送入预热好的烤箱，中下层，上下火，180 摄氏度烘烤 30 分钟，上色满意后及时加盖锡纸。

二狗妈妈**碎碎念**

1. 杠子头火烧的面团一定是非常硬的，所以必须用擀面杖才可以擀压成团。
2. 如果想吃甜味的，可以在和面的时候加 20 克左右白糖。
3. 每块面团要往里面擀进去约 10 克干面粉，如果觉得困难，可适当减少干面粉的用量。

巧果

我很喜欢宝宝容，热情、可爱、真性情……在8月19日我的上海新书发布会上，她和一群好姐妹来看我，把我感动到至今难忘……看，图片上这两只小猫还有背景的花布兜子，就是她送我的，浓浓的民族风，好喜欢……两只小猫中间有着一筐可爱的巧果，是在表达着浓情蜜意吧……

原料

水 60 克
玉米油 15 克
鸡蛋 1 个
白糖 30 克
酵母 2 克
中筋粉 250 克
奶粉 20 克

做法

1. 60 克水、15 克玉米油、1 个鸡蛋、30 克白糖、2 克酵母放入盆中。

2. 盆内原料搅匀后加入 250 克中筋粉、20 克奶粉。

3. 盆中面粉揉成面团，盖好静置约 1 小时。

4. 将静置好的面团放在案板上搓长。

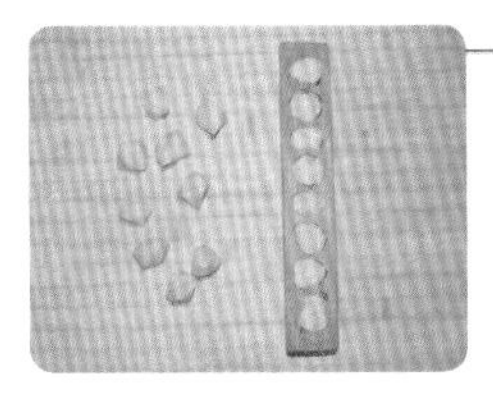

5. 将长面团切成合适大小，放在模具里，按压紧实（面团入模前需要在干面粉中稍滚一下）。

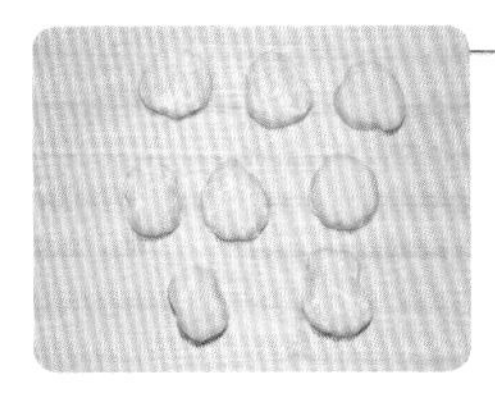

6. 把模具用力磕一下，巧果生坯就做好了，依次把面团全部入模，做好巧果生坯。

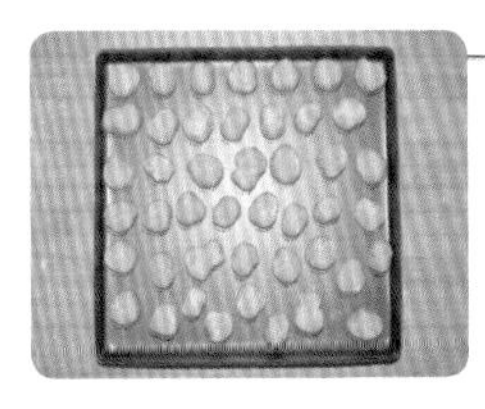

7. 花纹朝上码放在不粘烤盘上，盖好，静置 10 分钟。

8. 送入预热好的烤箱，中下层，上下火，180 摄氏度烘烤 20 分钟。

二狗妈妈碎碎念

1. 模具有大有小，按自己的喜好选购，如果个头比较大的话，适当延长烘烤时间。
2. 面团和好后一定要硬一些，这样比较容易脱模。
3. 如果没有烤箱，可以用平底锅或者电饼铛烙熟，花纹要先朝下烙，这样才会更清晰。

三角香酥饼

头天晚上把饼坯做好冷藏，第二天早上烤好，把饼剖开来，夹肉夹菜夹鸡蛋，整个清晨都是美好的……

原料

老面：
水 80 克
酵母 1 克
中筋粉 120 克

主面团：
水 150 克
酵母 3 克
中筋粉 280 克

油酥：
植物油 40 克
中筋粉 40 克
盐 6 克
五香粉 2 克

做法

1. 将 80 克水倒入盆中，加入 1 克酵母搅匀后，加入 120 克中筋粉揉成面团，盖好，室温发酵约 3 小时，至面团变 3 倍大做成老面团。

2. 在老面团里加入 150 克水、3 克酵母，搅匀。

3. 在老面团的盆中再加入 280 克中筋粉揉成面团，盖好，静置 20 分钟。

4. 静置面团的时候我们来准备一碗油酥：40 克植物油、40 克中筋粉、6 克盐、2 克五香粉放在一起搅匀。

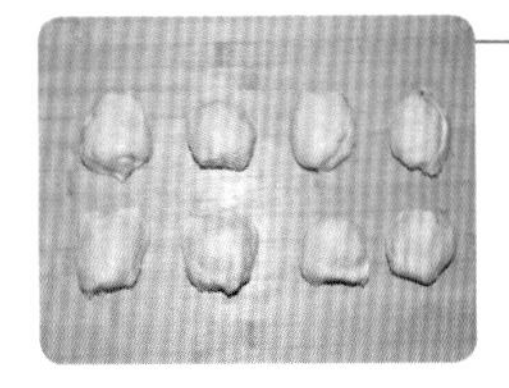

5. 案板上抹油，把面团分成 8 份。

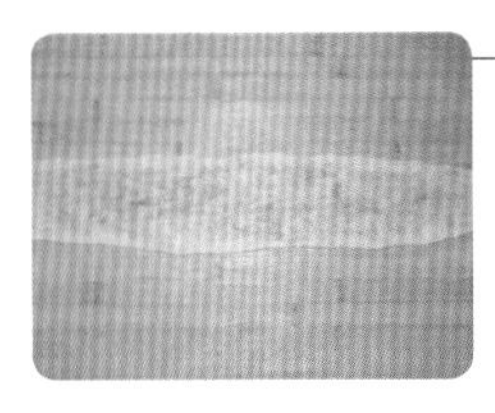

6. 取一块面团擀长，抹上一层油酥。

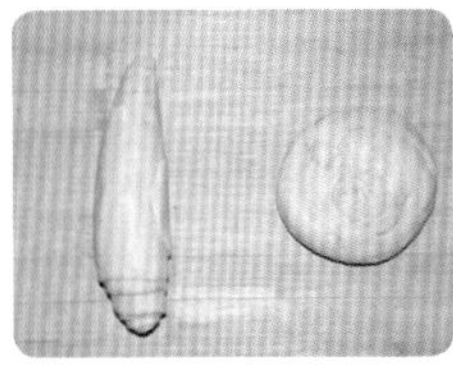

7. 将面片卷起来，再把面卷竖起来，压扁。

8. 将面片擀开，对折。

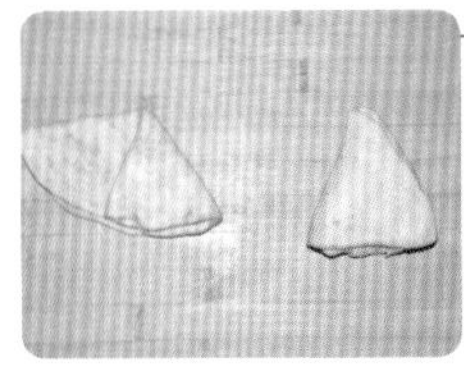

9. 再将面卷片左右折起来，叠成三角形。

10. 码放在不粘烤盘上，刷油，盖好静置 15 分钟。

11. 送入预热好的烤箱，中下层，上下火，200 摄氏度烘烤 25 分钟。

二狗妈妈**碎碎念**

1. 用老面做的面团会更有风味，如果不喜欢，可以直接用 260 克水加 4 克酵母搅匀，再加 400 克中筋粉揉成面团即可。揉好后的面团要发酵 1 小时后再整理形状。
2. 三角形是这款香酥饼的特色，最好不要改变形状。
3. 如果没有烤箱，可以用平底锅或者电饼铛烙熟。

石子馍

传统的石子馍，会把石子都放在一个大锅里炒热，然后把饼一层一层放在石子上，用石子的热度把饼烤熟，因为反复翻炒石子会伤锅，再说我们这些柔弱女子站在灶台前炒石子的画面实在是辣眼睛……所以，还是用烤箱吧……

原料

水 130 克
鸡蛋 1 个
白糖 10 克
酵母 2 克
中筋粉 400 克
石子馍专用石子 2.5 千克

做法

1. 130克水倒入盆中，加入 1 个鸡蛋、10 克白糖、2 克酵母搅匀。

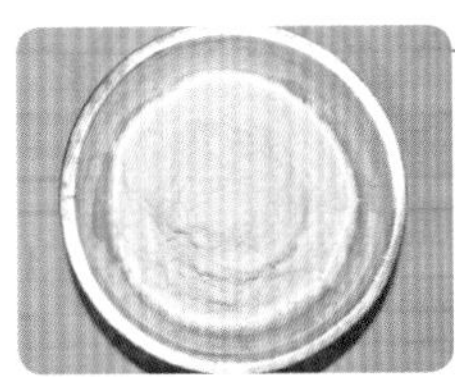

2. 在盆中加入 400 克中筋粉。

3. 将面粉搅匀后揉成面团，盖好，静置 60 分钟。

4. 在面团静置 30 分钟后，我们来把石子馍专用石子洗干净。

5. 用干净的毛巾擦干水分后放入深烤盘。

6. 送入烤箱 220 摄氏度烘烤 30 分钟。

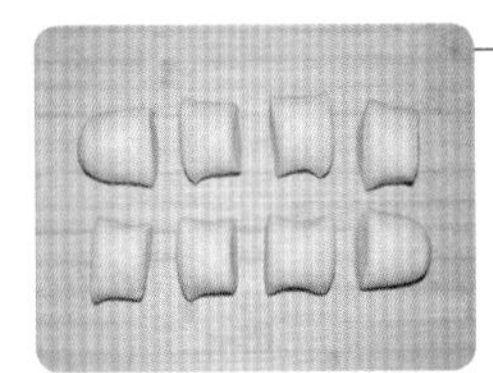

7. 此时把静置好的面团放在案板上搓长，分成 8 份。

8. 将面团擀成圆薄片（约 5 毫米厚）。

9. 把烤热的石子倒出来一半后，取两张生饼铺在石子上。

10. 把倒出来的那些石子再倒在生饼上，用隔热手套压实。

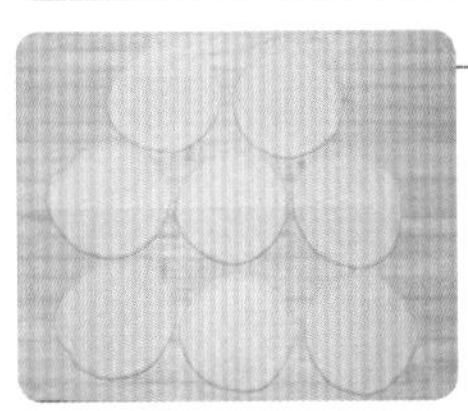

11. 送入烤箱，中下层，上下火，200 摄氏度烘烤 15 分钟，依次一炉一炉地把其他生坯烤熟即可。

二狗妈妈**碎碎念**

1. 此面团含水量较少，揉的时候要非常用力，可以把面絮都放在案板上揉制，会比较轻松一些。
2. 可以不放白糖，也可以把白糖改成 3 克左右的盐，看您个人喜好。
3. 石子馍专用石子网上有售，请不要用自己捡的石头，因为不知道里面有啥物质，加热是否对人体有害。
4. 石子一定要提前去烤热，时间要计算好，基本上烤热石子后，面团静置时间也到了，此时烤箱请不要关闭，石子拿出来去放饼的时候，就把烤箱调至 200 摄氏度等候。

周村烧饼

“咔嚓，咔嚓”，一块一块地掰下来吃吧，保证你停不了口……

原料

水 90 克
盐 2 克
中筋粉 200 克
白芝麻适量

做法

1. 90 克水倒入盆中，加入 2 克盐。

2. 将水搅匀后加入 200 克中筋粉。

3. 将面粉揉成面团，盖好，静置 1 小时。

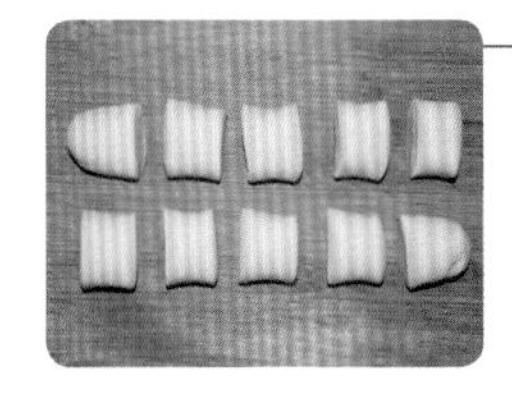

4. 把静置好的面团放在案板上搓长，分成 10 份。

5. 将面团切面朝上，按扁，按成直径约 13 厘米的圆薄片。

6. 在不粘烤盘上刷水。

7. 把大圆面片放在烤盘上，在面片上再刷一层水。

8. 在面片表面撒满白芝麻，再用擀面杖稍擀，让芝麻粘得更牢固一些。

9. 送入预热好的烤箱，中下层，上下火，200 摄氏度烘烤 10 分钟。依次把所有的生坯烤完即可。

二狗妈妈碎碎念

1. 面团含水量较少，揉的时候有点儿费劲，一定不要再加水，这样揉好的面团放案板上不用薄面都不会粘，而且烤出来的饼脆。
2. 最好准备 2~3 个烤盘，一盘送去烘烤，再去准备下一盘，这样节约一些时间。
3. 所有饼烤好后，一定要凉透再放入保鲜袋保存。

烤馕

当用馕针在烤馕上扎孔时，我突然想到了容嬷嬷拿针扎紫薇的场景。哈哈，不过呢，我们的针孔可以让馕变漂亮哟……

原料

水 260 克
酵母 4 克
中筋粉 420 克
五香粉 2 克
盐 4 克

配料：
孜然粉适量
辣椒粉适量
白芝麻适量
油适量

工具：
9 英寸（22.86 厘米）比萨盘

做法

1. 260 克水倒入盆中，加入 4 克酵母搅匀。

2. 盆中加入 420 克中筋粉、2 克五香粉、4 克盐。

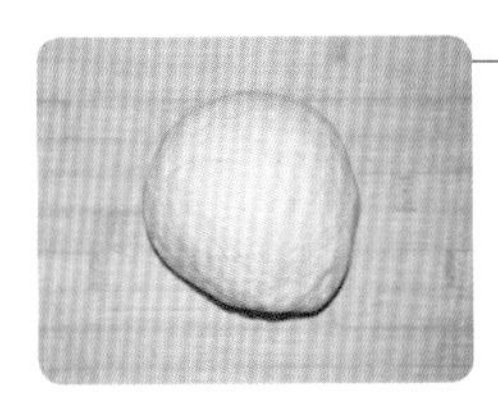

3. 将面粉揉成面团，放在案板上揉光滑。

4. 将面团盖好，发酵约 1 小时，至变胖约 2 倍大。

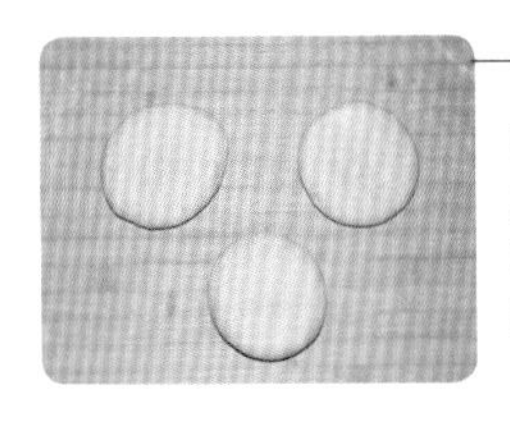

5. 案板上撒面粉，把发酵好的面团放在案板上揉匀后分成3份，揉圆按扁。

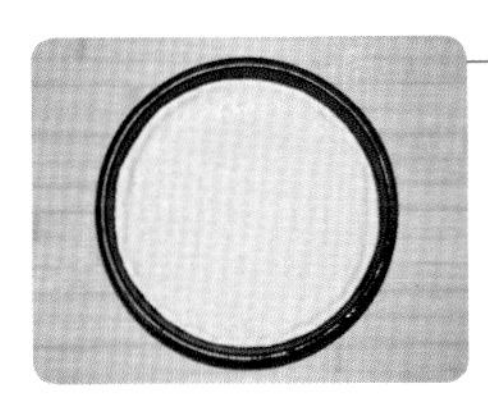

6. 取一块面团擀薄，放在抹了油的 9 英寸比萨盘中，用手推成外围厚、中间薄的饼。

7. 在面饼表面刷水后撒白芝麻、孜然粉、辣椒粉。

8. 用馕针在饼上扎满花纹。

9. 再在饼的表面刷一层油，盖好，静置 10 分钟。

10. 送入预热好的烤箱，中层，上下火，200 摄氏度烘烤 20 分钟，依次再把另外两张馕按步骤 6~10 做好。

二狗妈妈碎碎念

1. 揉面一定要揉得非常光滑，也可以放入面包机揉 20 分钟。
2. 没有馕针，可以用牙签或者叉子，只要扎满孔就可以有效预防烤馕烘烤时鼓起。
3. 表面的孜然、辣椒等调味料看您是否喜欢，不喜欢可以不放。
4. 没有比萨盘，可以把馕直接放在烤盘中烘烤。

油炸的美味小吃太多太多啦，本章节收录的美味小吃，是选择了制作起来比较简单、食材方便采买、口感又非常好的。

特别要说明的是，本章节中的“排叉”，就是我妈妈每年过年一定要做的“焦叶子”，妈妈做，没有啥配方，全凭手感，炸出来的焦叶子又酥又脆，我照猫画虎，做出来的感觉和妈妈的像极了……

07
CHAPTER
油炸喷香的
美味小吃

蜂蜜大麻花

自己亲手做的蜂蜜大麻花，热吃冷吃都非常好吃，然后吧，你就会怀疑，外面卖的那些大麻花，有没有给咱真的放蜂蜜呢？

原料

牛奶 150 克
鸡蛋 1 个
蜂蜜 40 克
白糖 50 克
玉米油 20 克
耐高糖酵母 4 克
中筋粉 380 克

做法

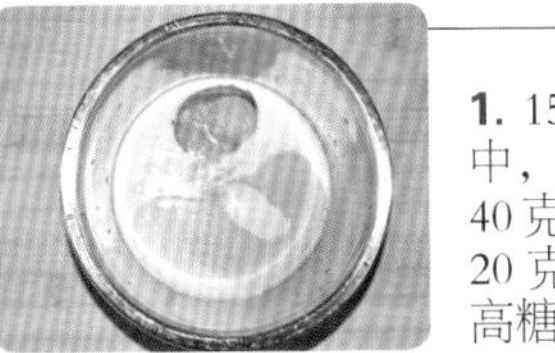

1. 150 克牛奶倒入盆中，加入 1 个鸡蛋、40 克蜂蜜、50 克白糖、20 克玉米油、4 克耐高糖酵母。

2. 盆中再加入 380 克中筋粉。

3. 将面粉揉成面团，盖好，放温暖处发酵约 90 分钟，发酵好的面团要明显变胖约 2 倍。

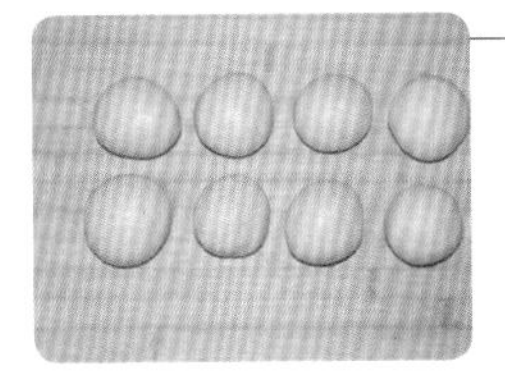

4. 把面团放案板上揉匀，分成 8 份，盖好，静置 10 分钟。

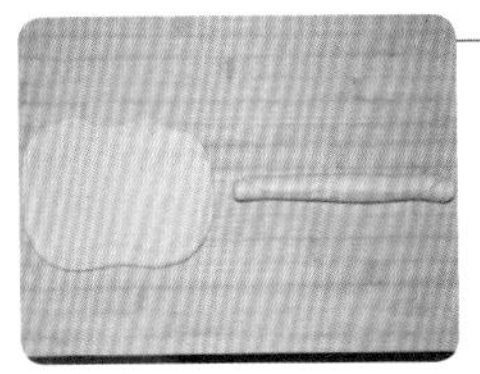

5. 取一块面团擀开，卷起来，捏紧收口。

6. 将面团搓长，依次做好 8 个长条。

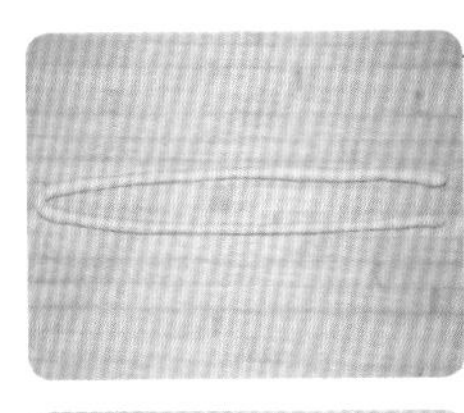

7. 取一根长面条，搓长，对折。

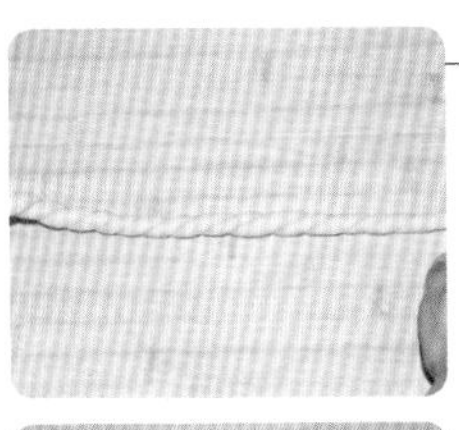

8. 左手捏住中间对折的地方，右手向一个方向搓。

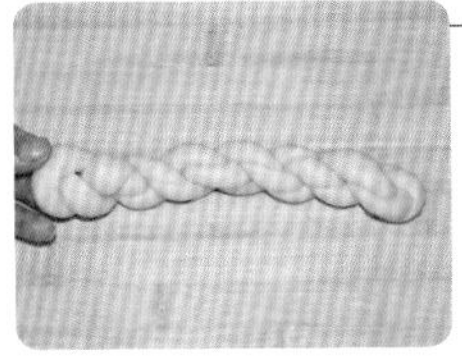

9. 然后再对折，把右手那头塞进左手捏着的那个洞口中。

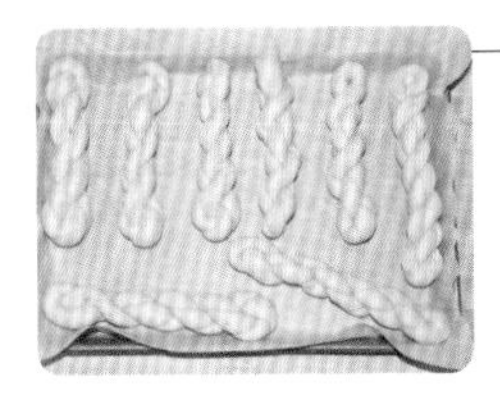

10. 依次做好 8 个麻花。

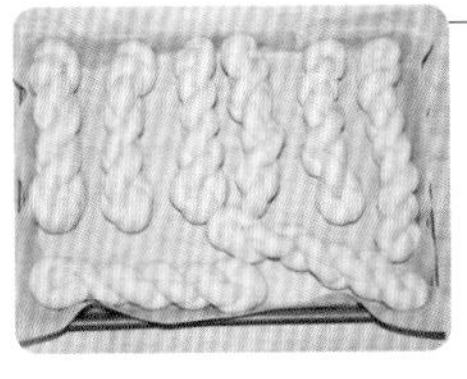

11. 盖好，发酵至明显变胖。

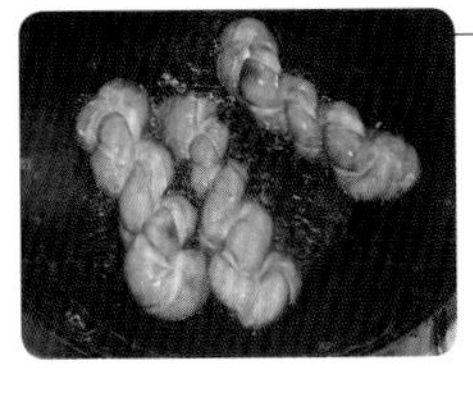

12. 大火烧热油锅后，油温六成热时，把麻花放入油锅，转小火，炸至两面金黄就可以关火出锅了。

二狗妈妈**碎碎念**

1. 这个面团含糖量太高，所以要用耐高糖酵母。
2. 炸制的时候一定要小火，油温低一些，不然含糖量高的面团很容易炸得颜色太重哟。

焦圈

“你这是做的啥呀？人家焦圈做好以后跟手镯一样，你看你这个哪像？”
此时，老公一脸鄙视地看着我……
拜托，我要是能做那么好看，我就可以外面练摊去咯！

原料

中筋粉 260 克
无铝泡打粉 7 克
小苏打 3 克
盐 2 克
水 155 克
植物油 25 克

做法

1. 260 克中筋粉倒入盆中，加入 7 克无铝泡打粉、3 克小苏打、2 克盐，拌匀。

2. 盆中再加入 155 克水，搅匀。

3. 将面粉揉成面团后，25 克植物油分 4~5 次倒在面团上，用拳头把油捶进面团里。

4. 盖好，静置 3 小时，其中每过 1 小时揉一下面团。

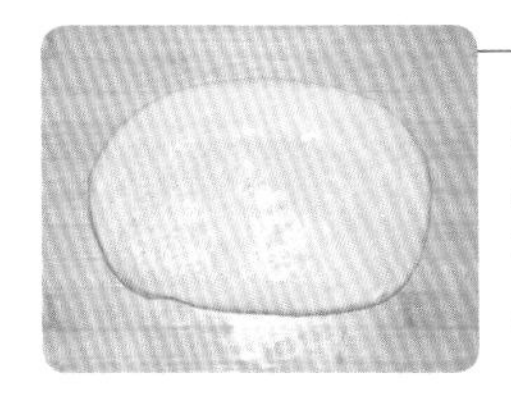

5. 案板上抹油，手上抹油，把面团放在案板上，整理成厚约 1.5 厘米的大厚片。

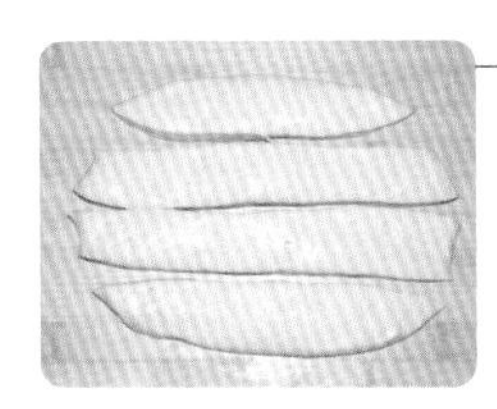

6. 把面片分成 2.5 厘米的大宽条。

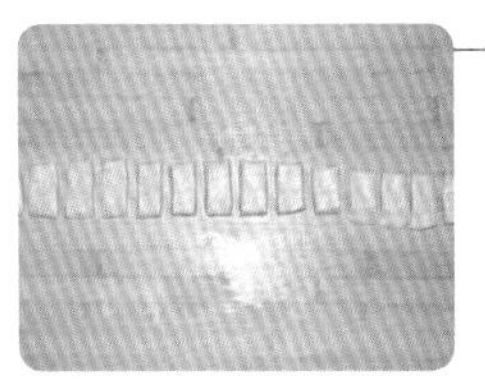

7. 再把宽条面片按扁成厚约 2 毫米的长条，切成宽约 1.5 厘米的小条。

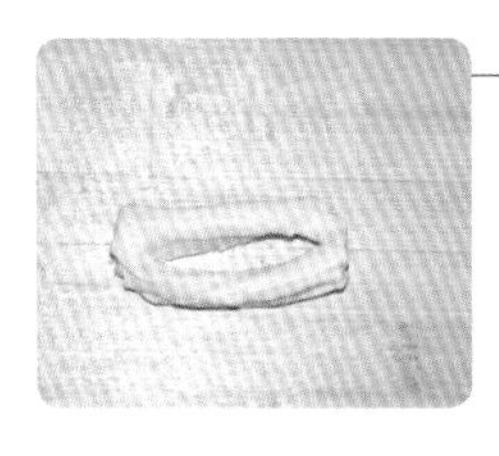

8. 两个小面片摞在一起，中间用手压一下，再用小刀切开中间，两端不可以切断。

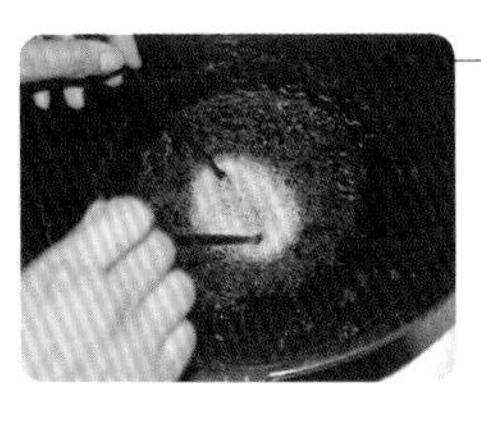

9. 在做生坯的时候，就把油锅热上，开中火，生坯做好一个，就把生坯下入锅中，立即用筷子戳破，中间成圆环形。

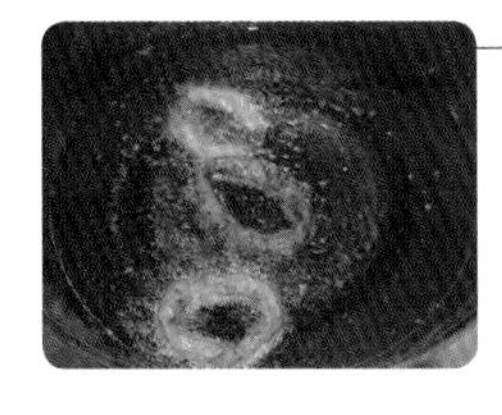

10. 做一个炸一个，依次做好所有焦圈，沥油后食用。

二狗妈妈**碎碎念**

1. 一定要提前备好油锅，开始做生坯时就把油锅热好，这样做一个炸一个，不要一下子把所有生坯做好，那样炸的时候生坯太软，会变形。
2. 炸制的时候一定要中火，把焦圈炸透炸酥才好吃。

开口笑

每次看到开口笑，我就会不由自主地想唱一首歌：我一见你就笑，你那翩翩风度太美妙……嗯，没错，我来北京后，先生给我买的开口笑，至今难忘……

鸡蛋 1 个
植物油 40 克
白糖 50 克
水 50 克
低筋粉 220 克
小苏打 2 克
白芝麻适量

1. 1 个鸡蛋放入盆中，加入 40 克植物油、50 克白糖、50 克水。

2. 将原料搅匀后加入 220 克低筋粉、2 克小苏打。

3. 用刮刀将面粉拌成面团。

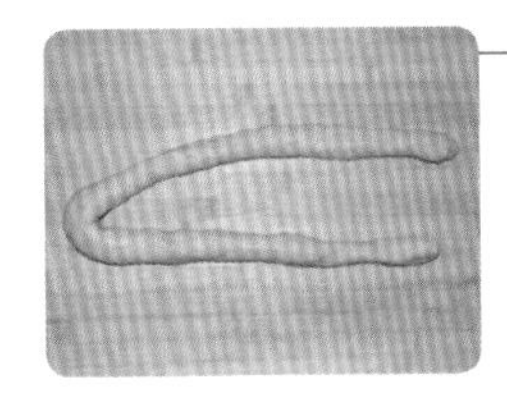

4. 把面团移至案板上，搓长。

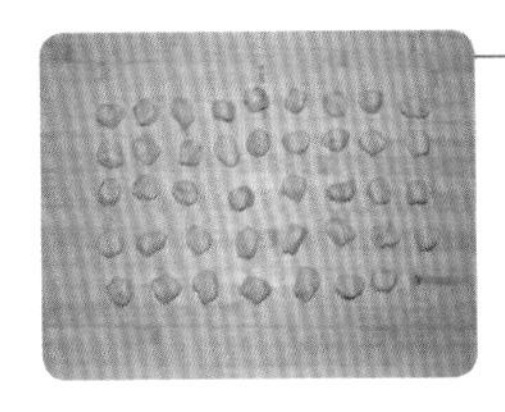

5. 将长面团切成 10 克一个的小剂子。

6. 把每个小剂子搓圆后，在水中滚一圈，放进白芝麻碗里再滚一圈。

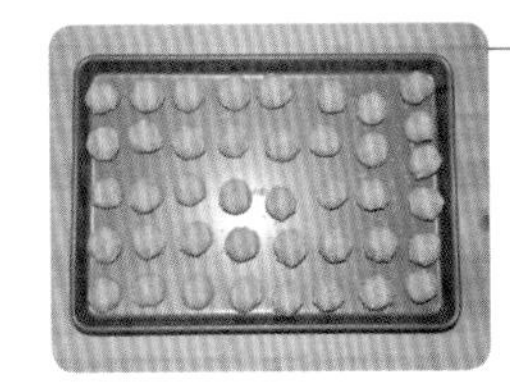

7. 用手稍握后放一边备用。

8. 大火烧热油锅，约五成热时把生坯下入，转小火，不要翻动。

9. 等待所有面团都开口后，再变中火，翻动均匀，一直炸到金黄就可以关火出锅啦。

二狗妈妈碎碎念

1. 小剂子一定不要分得太大，10 克左右即可，因为炸制时还会膨胀。

2. 刚下入锅中的生坯，千万不要去翻动，就是让面团受热不均匀，才会出现开口。

空心麻团

“老公，我要把那个咱们年轻时候经常吃的麻团放这本书里！”
“啊？那你会吗？”
“我当然会咯，不信你等着！”

原料

白糖 40 克
开水 120 克
糯米粉 140 克
粘米粉 30 克
白芝麻适量

做法

1. 40克白糖放入盆中，倒入 120 克开水。

2. 将水搅匀后静置 10 分钟。

3. 盆中加入 140 克糯米粉、30 克粘米粉。

4. 将原料和成面团。

5. 将面团分成 12 个小面团，揉圆。

6. 把小面团蘸水后放在白芝麻上滚满白芝麻。

7. 依次做好所有的生坯。

8. 锅中倒入足量的油，大火烧至三成热的时候，就把麻团下入油锅。

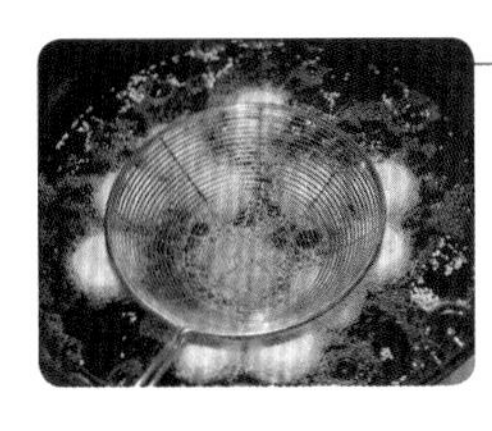

9. 待麻团往上浮时，改中火，用笊篱按压每个麻团，按压出坑，等再次鼓起时再按下一次，每个麻团按压五六次。

10. 待麻团全部浮起，并炸成金黄色，即可关火捞出沥油食用。

二狗妈妈**碎碎念**

1. 油温不高的时候就下入麻团生坯，待麻团刚浮上来时就要用笊篱按压麻团数次，这样是炸出空心的关键哟。
2. 如果喜欢吃有馅的，可以包入您喜欢的馅料，但馅料不宜过大，炸制方法一样。

猫耳朵

我和先生谈恋爱的时候，经常逛超市时拿一包猫耳朵，嘎嘣嘎嘣地你一片我一片，那个时候觉得简直好吃得不得了……这么多年过去了，我们逛超市，我偶尔会拿一包，他总会说："油炸的，少吃！"哼，油炸的咋啦，就像你年轻的时候吃得少一样！

原料

白色面团：
水 50 克
白糖 20 克
鸡蛋 1 个
无铝泡打粉 0.5 克
中筋粉 180 克

红糖面团：
红糖 20 克
开水 30 克
鸡蛋 1 个
无铝泡打粉 0.5 克
中筋粉 160 克

做法

1. 50 克水倒入碗中，加入 20 克白糖、1 个鸡蛋、0.5 克无铝泡打粉、180 克中筋粉。

2. 将原料揉成面团，盖好，静置 30 分钟。

3. 20 克红糖放入碗中，倒入 30 克开水搅匀，静置约 5 分钟。

4. 在红糖水中加入 1 个鸡蛋、160 克中筋粉、0.5 克无铝泡打粉。

5. 将面粉揉成面团，盖好静置 30 分钟。

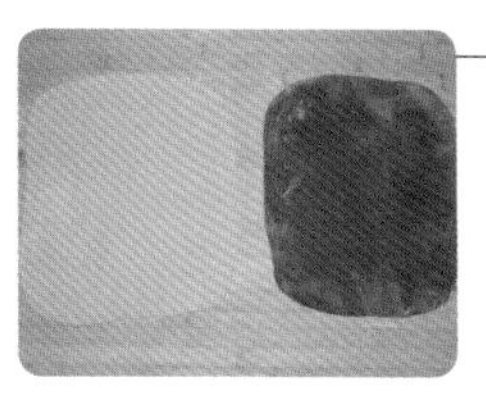

6. 把两个面团分别擀成大方片。

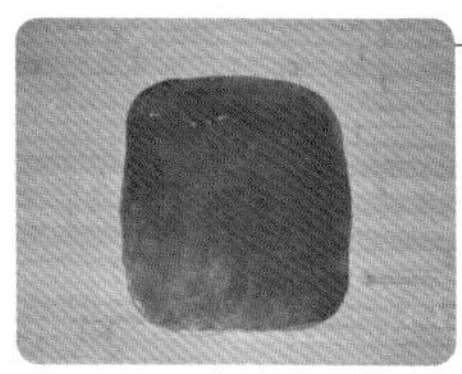

7. 在白色面片上刷水，把红糖面片盖在白色面片上。

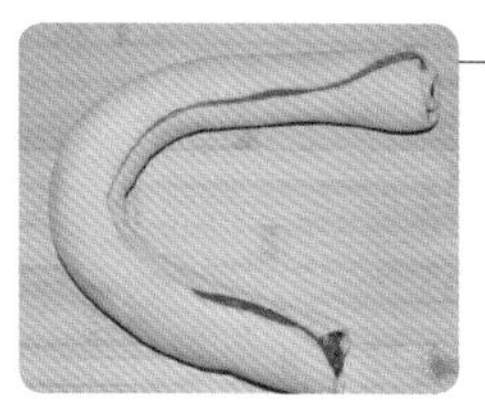

8. 在红糖面片上刷水后将两个面片卷起来，搓紧实一些。

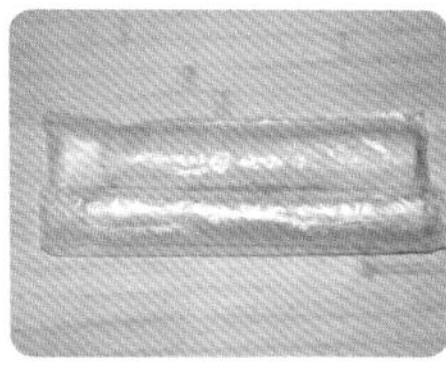

9. 将面团分成合适长短，用保鲜膜包住，送入冰箱冷冻约 4 小时至硬挺。

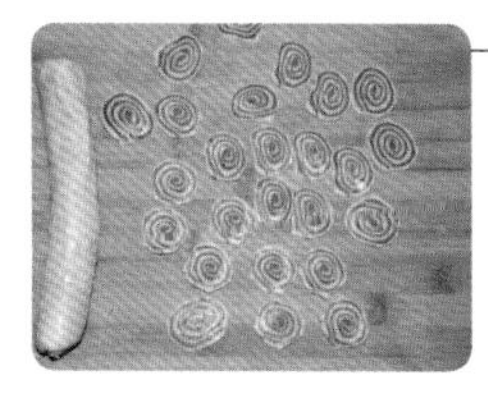

10. 面团从冰箱中取出后，切成薄片。

11. 油锅烧热，下入面片，改中小火，炸至面片金黄捞出沥油。

二狗妈妈碎碎念

1. 两种面片叠放时要刷水，以便黏合得更紧实。
2. 如果介意放泡打粉的话，可以不放，炸出来更脆硬一些。
3. 切面片时要尽量切得薄一些，这样出来的口感更好。

蜜三刀

我婆婆年轻时候最爱吃蜜三刀了……现在年纪大了，不敢吃太多甜的咯，公公也会严格控制婆婆吃甜食，先生偶尔会偷偷摸摸给婆婆买一小点儿，婆婆每每吃到，笑得可开心了……

原料

◯ 皮料：
中筋粉 40 克
玉米油 10 克
水 15 克

◯ 酥料：
中筋粉 380 克
玉米油 50 克
麦芽糖 160 克
无铝泡打粉 3 克
水 100 克

◯ 糖浆：
白糖 200 克
麦芽糖 250 克
水 60 克

◯ 其他：
白芝麻适量

做法

1. 40 克中筋粉、10 克玉米油、15 克水揉成面团，这是皮料，盖好，静置 30 分钟。

2. 380 克中筋粉放入盆中，倒入 50 克玉米油、160 克麦芽糖、3 克无铝泡打粉、100 克水。

3. 将盆中材料揉成面团，这是酥料，有点儿粘手，不用管它，盖好，静置 30 分钟。

4. 静置面团的时间，我们来准备好糖浆，小奶锅中倒入 200 克白糖、250 克麦芽糖、60 克水，先放置一边备用。

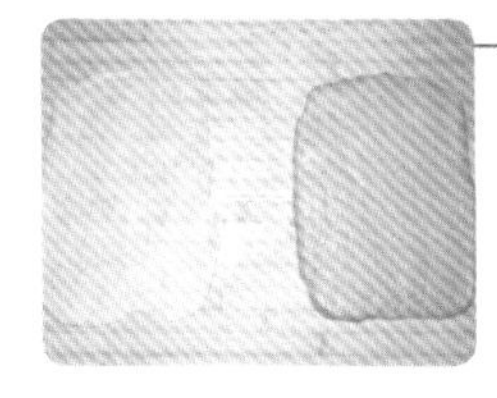

5. 把静置好的皮料和酥料分别擀成大小差不多一致的长方形。

6. 在皮料上刷水，把酥料盖在皮料上。

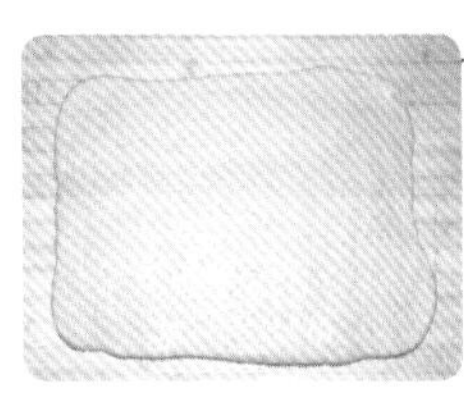

7. 均匀地擀成厚约 0.5 厘米的薄片，在上面稍撒一些白芝麻（也可以不撒）。

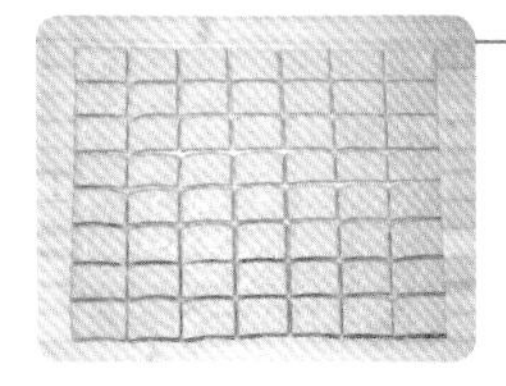

8. 修掉不规则的边角，切成 2 厘米 ×3 厘米的小方块。

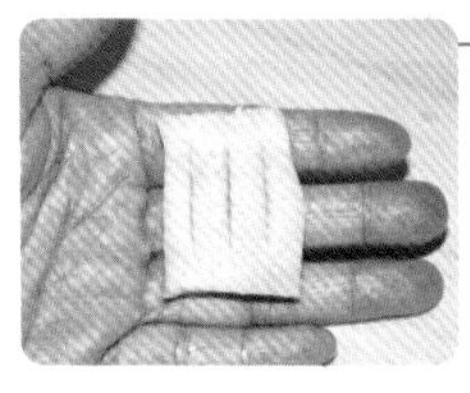

9. 在每个方块上划 3 刀，但不划透。

10. 这时候把糖浆锅坐在火上，中火熬至冒小白泡关火，中间不用搅拌。

11. 炒锅烧热油，八成热的时候下入面块，中火炸至金黄捞出沥净油。

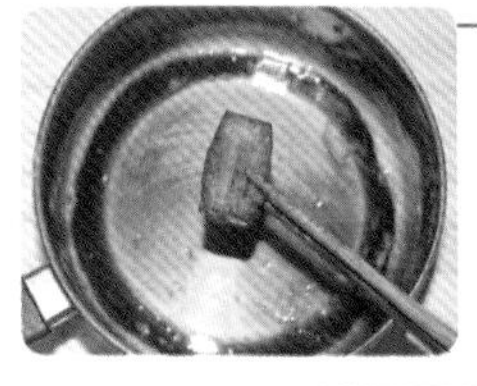

12. 趁热把炸好的方块在糖浆中滚匀后捞出，放在刷了油的盘子上，最后再撒一些白芝麻。

二狗妈妈**碎碎念**

1. 擀厚片的时候不要太薄，0.5~0.8 厘米就行。
2. 要炸面块的时候再把糖浆煮好，是因为怕糖浆凉了变黏稠不好操作。
3. 盛放蜜三刀的容器提前刷好油，不然蜜三刀凉后会粘容器。

妈妈每年过年都会给我们炸好多“焦叶子”，就是咱们说的排叉，妈妈觉得，只要开始炸焦叶子，孩子们就都快要回家过年咯……

原料

中筋粉 300 克　　盐 3 克
黑芝麻 15 克　　水 130 克

做法

1. 300 克中筋粉倒入盆中，加入 15 克黑芝麻、3 克盐。

2. 原料混合均匀后，倒入 130 克水，边倒边用筷子搅拌。

3. 将面粉用力揉成面团，盖好，静置 30 分钟。

4. 把面团放在案板上擀成大薄片，越薄越好。

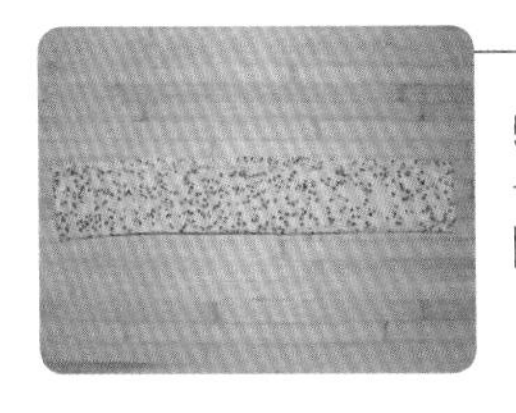

5. 切成宽约 6 厘米的长条，叠放起来，去除不规则的地方。

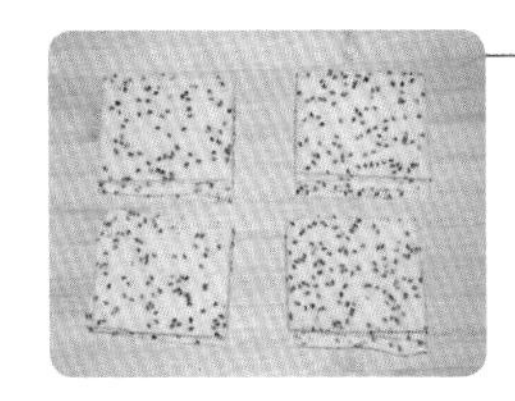

6. 切成宽约 6 厘米、长约 9 厘米的长方形面片。

7. 取两张面片叠放在一起，在面片中间切 3 刀，注意两头不能切断，把面片的一头从中间的刀口中穿出。

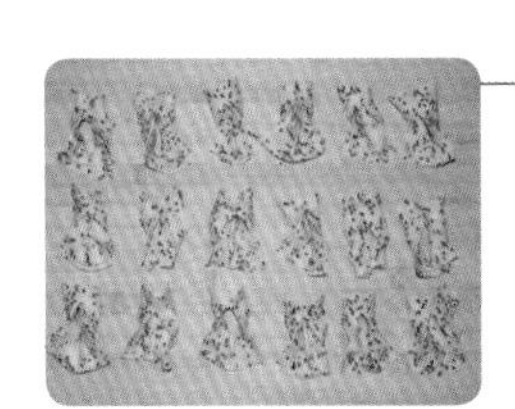

8. 依次做好所有的生坯。

9. 大火烧热油锅，八成热的时候就把排叉生坯放入油中，炸至两面金黄。

10. 放在吸油纸上吸油后即可食用。

二狗妈妈碎碎念

1. 排叉的面团一定要稍硬一些，所以在面团整形的过程中不需要用干面粉防粘，因为这款面团一点都不黏。
2. 如果想吃甜味的，可以在和面的时候加 20 克左右白糖。
3. 黑芝麻可以用白芝麻替换。
4. 排叉的大小随您喜欢，不一定非要中间划3刀，划一刀也可以呀。

萨其马

二狗妈妈**碎碎念**

1. 一定要用淀粉防粘，如果用面粉，炸的油会非常浑浊。
2. 如果喜欢吃口感稍软一点的，就不要炸得过于酥脆，我喜欢吃酥脆口感的，所以炸得比较透。
3. 我喜欢芝麻的香气，您也可以根据自己的喜好加入各种干果碎，比如花生、核桃仁、蔓越莓干、葡萄干等。
4. 模具不一定要选用和我一样的，实在不行就用保鲜盒，事先要刷油防粘。
5. 切的块大小随您喜欢，我切了12块。

原料

● 面团：
鸡蛋3个约160克
中筋粉230克
无铝泡打粉3克
水40克
玉米淀粉适量

● 配料：
熟黑、白芝麻各50克

● 糖浆：
白糖160克
麦芽糖120克

● 模具：
20厘米正方形硅胶模具

甜甜蜜蜜地抱成团，就像我们自己过的小日子一般……

做法

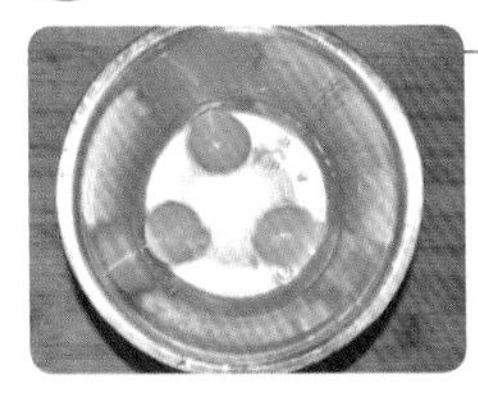

1. 3个鸡蛋(约160克)磕入盆中。

2. 放入230克中筋粉、3克无铝泡打粉。

3. 将面粉揉成面团，盖好，静置30分钟。

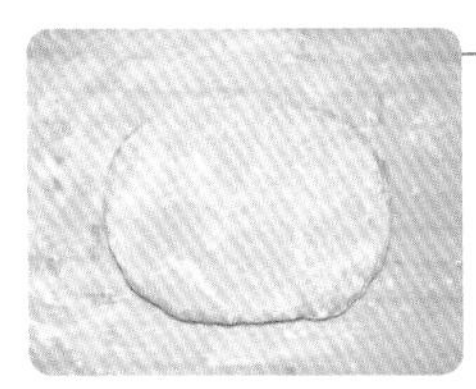

4. 案板上撒玉米淀粉，把面团放案板上按扁。

5. 擀成大薄片，切成宽约5厘米的长条。

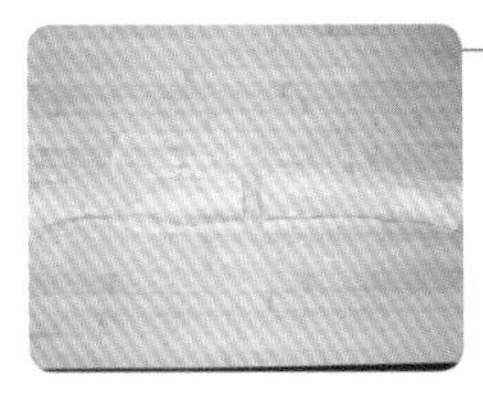

6. 在每一个长面片上都抹玉米淀粉，叠放起来，中间切开。

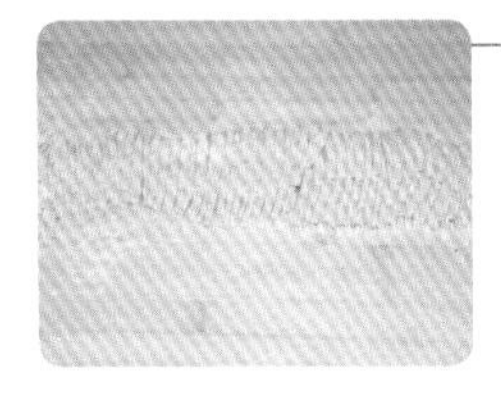

7. 再把两摞面片叠起来，切口对齐，切成细条。

8. 将切好的细条抖散备用。

9. 准备好黑、白熟芝麻各50克。

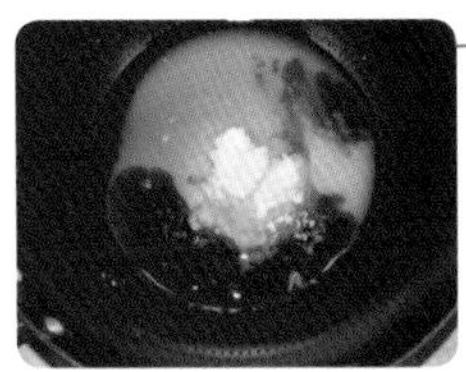

10. 准备一口不粘锅，里面放入160克白糖、120克麦芽糖、40克水，备用。

11. 大火烧热油锅，下入面条，转中火。

12. 炸至金黄捞出沥油备用。

13. 糖锅中火加热，一直到泡沫变密，糖色呈焦黄色，如果有测温笔，此时应该是115摄氏度，关火。

14. 立即把炸好的面条、准备好的熟黑、白芝麻都放入糖锅，迅速翻拌均匀。

15. 倒入20厘米正方形硅胶模具中，在表面盖油布后擀压平整，凉透后脱模切块食用。

酥饺

我的微信群里有位亲亲叫老态，她是广东本地人哟，见我要准备新书，她微信我做法……亲亲们，有你们真好……

原料

饺子皮：
中筋粉 300 克
猪油 80 克
鸡蛋 1 个
水 70 克
白糖 30 克

饺子馅：
熟花生 40 克
熟白芝麻 40 克
椰蓉 20 克
白糖 40 克

做法

1. 300 克中筋粉倒在案板上，中间弄个坑，放入 80 克猪油。

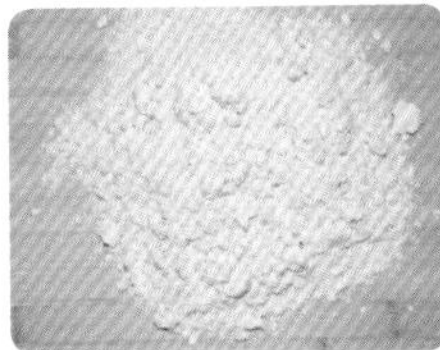

2. 用手搓面粉和猪油，渐渐就变成了絮状，如图这样就可以了。

3. 准备好一碗蛋糖水：1 个鸡蛋、30 克白糖、水 70 克，搅匀备用。

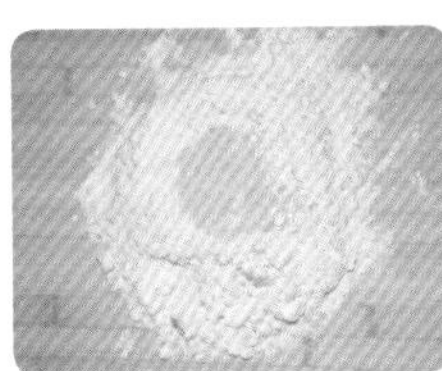

4. 把刚才搓好的猪油面中间也挖一个小坑，把蛋糖水一点儿一点儿地揉进面团。

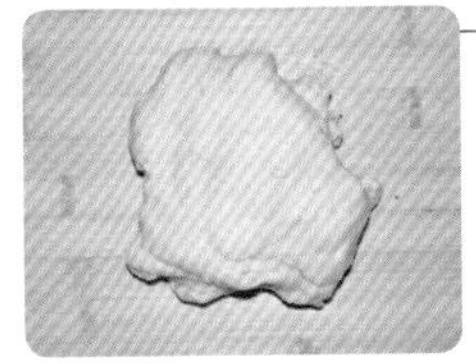

5. 揉好后，用保鲜膜盖好，备用。

6. 40 克熟花生擀碎放入碗中，加入 40 克熟白芝麻、20 克椰蓉，40 克白糖，拌匀。

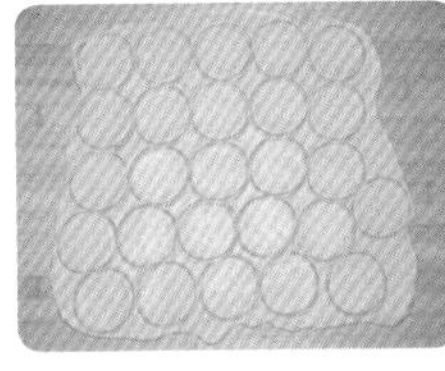

7. 把面团擀成一个大薄片，约 2 毫米厚，用合适大小的模具扣出圆片。

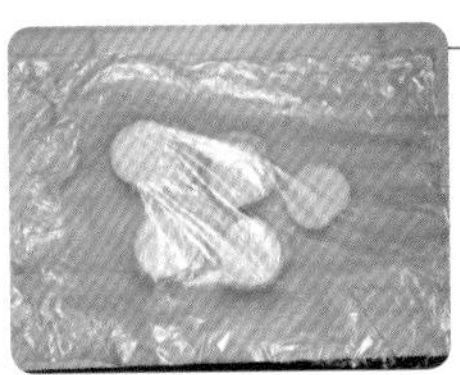

8. 全部做好后用保鲜膜盖好，防止水分流失。

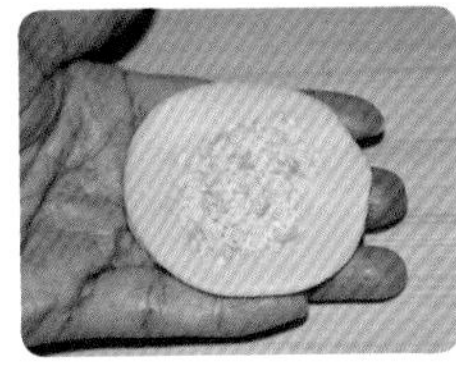

9. 取一个面团擀开，放一点儿馅料。

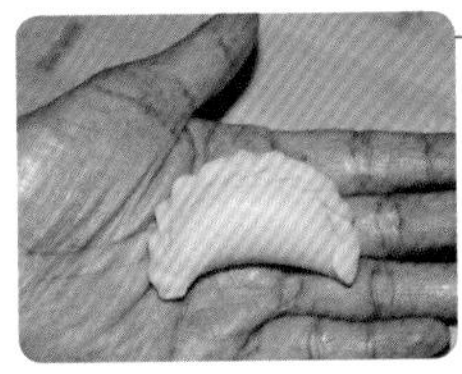

10. 对折包起来，捏出花纹。

11. 依次做好所有的饺子生坯 。

12. 油锅烧至五成热，把生坯下入，改中小火，直至两面金黄即可出锅。

二狗妈妈碎碎念

1. 饺子馅可以用您喜欢的任何馅料，不一定和我的一样哈。
2. 饺子皮揉的时候要注意，不要过度揉捏，以免面团起筋，炸出来不好吃。
3. 不喜欢花边，可以不做，可以用叉子按压面皮边。

油索

二狗妈妈**碎碎念**

1. 小剂子一定不要分得太大，8克左右即可，不然太大不好炸透。
2. 香葱白里的猪油是为了增香用的，如果不喜欢，可以不放，葱白葱叶碎一起放入即可。
3. 一定要小火炒到油亮色褪去，表面出现颗粒物，俗称“反砂”的时候才可以关火。
4. 凉透再吃口感更好哟。

原料

● 油索面团：
水 120 克
植物油 50 克
白糖 30 克
中筋粉 300 克
小苏打 2 克
无铝泡打粉 1 克

● 糖料：
白糖 130 克
水 130 克

● 其他：
香葱白碎 10 克
猪油 15 克
香葱叶碎 15 克

这是跟南方的小伙伴学会的一道美食，甜味的食物里面放香葱会好吃吗？没想到真的很好吃呢……

1. 120 克水倒入盆中，加入 50 克植物油、30 克糖。

2. 盆中原料搅匀后加入 300 克中筋粉、2 克小苏打、1 克无铝泡打粉。

3. 将原料揉成面团，盖好，静置 20 分钟。

4. 静置面团的时间，我们来准备好两个小碗，一个小碗中放入 10 克香葱白碎和 15 克猪油混合均匀，另一个小碗中准备好 15 克香葱叶碎。

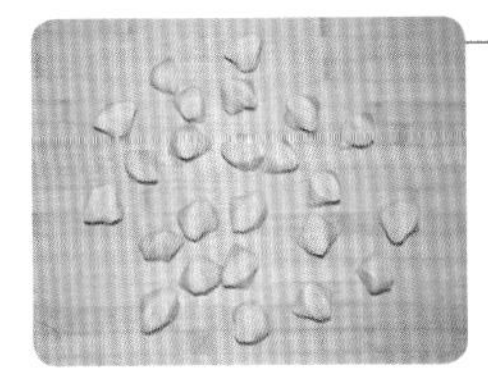

5. 把静置好的面团放在桌上搓长，分成 8 克左右一个的小剂子。

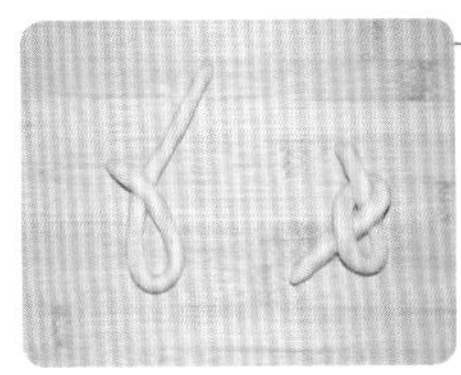

6. 把小剂子搓长，约 15 厘米，先摆成一个“6”，再把上方面条向左下方插入圆圈中。

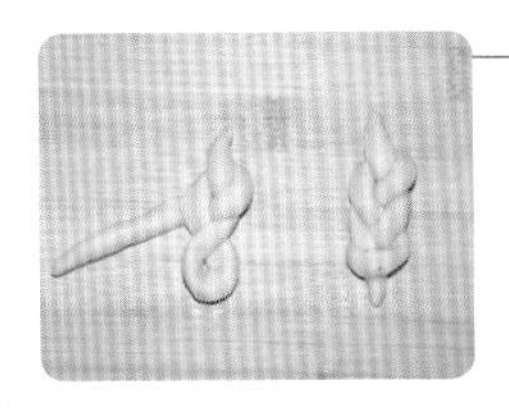

7. 把下方圆圈向左扭转一下，把左方的面条再向右下方插入小圆圈中。

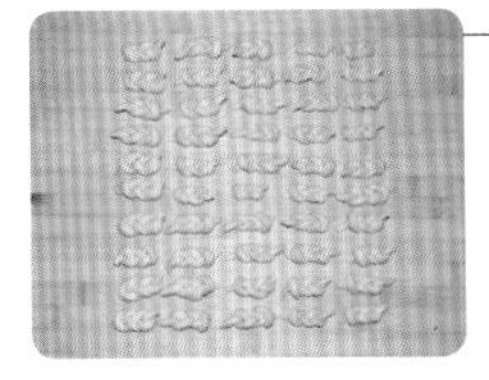

8. 依次做好所有生坯。

9. 油锅烧至六成热，把生坯下入油锅。

10. 中小火炸至金黄后捞出备用。

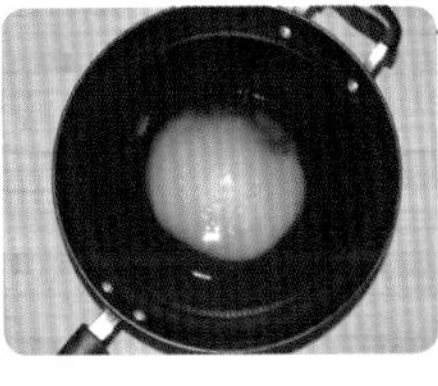

11. 不粘炒锅中放入 130 克糖、130 克水。

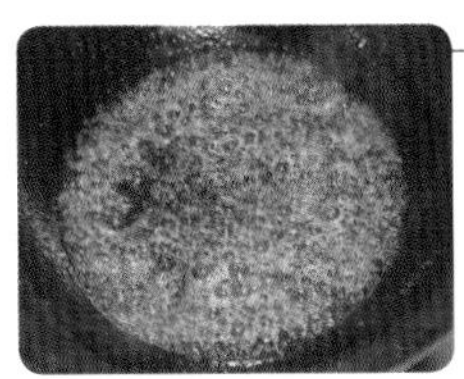

12. 开大火，稍搅拌一下糖水，一直到表面有细密的小泡。

13. 把炸好的小麻花放入锅中，翻拌均匀。

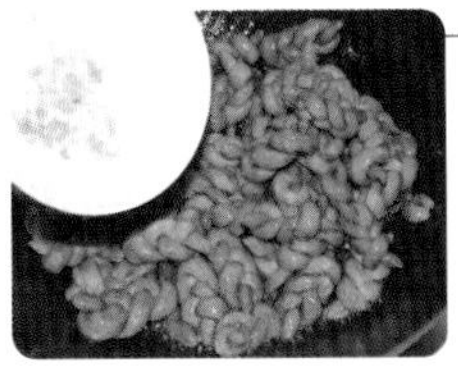

14. 锅中倒入香葱白碎和猪油混合物。

15. 翻炒均匀后把香葱叶碎倒进锅中。

16. 开小火，不停翻炒，一直到油亮色褪去，有白色颗粒物在小麻花外面就可以关火了，凉透后食用。

海蛎饼

电视里正演《味道》节目，老公突然跑到厨房，对正在忙碌的我说："你看你看，那个海蛎饼看着好好吃，你学一下嘛……"

原料

○饼皮：
大米 300 克
黄豆 100 克

○饼馅：
圆白菜丝 150 克
干紫菜 4 克
韭菜碎 30 克
香葱碎 10 克
姜末 5 克
五香粉 2 克
白胡椒粉 1 克
盐 6 克
牡蛎肉 300 克

做法

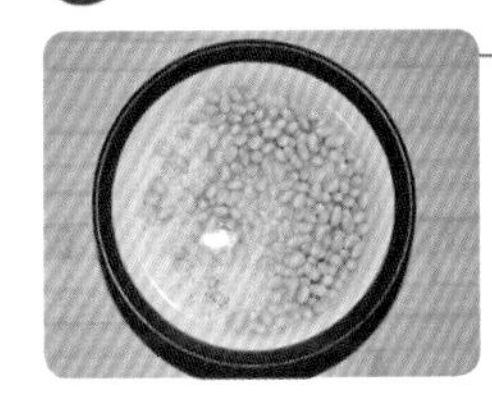

1. 300 克大米、100 克黄豆放在水中，浸泡 6 小时以上。

2. 把大米、黄豆倒入料理机，注意水量，没过大米、黄豆即可。

3. 打成浆后倒在碗中备用。

4. 150 克圆白菜切丝、4 克干紫菜热水泡软后挤干水分，30 克韭菜末、10 克香葱碎、5 克姜末、1 克白胡椒粉、2 克五香粉、6 克盐，混合均匀。

5. 300 克牡蛎肉洗净沥干水分。

6. 大火烧热油锅，海蛎饼勺放在油锅中 5 分钟后拿出。

7. 在勺中先放一点米浆，转一下勺子，让米浆铺满勺底，然后放一些拌好的菜，再放两三个牡蛎肉。

8. 再盖一层米浆，把菜和牡蛎肉都盖住。

9. 把勺子放入油锅，中火炸制约 1 分钟后，轻扣勺子，就会自然脱落。

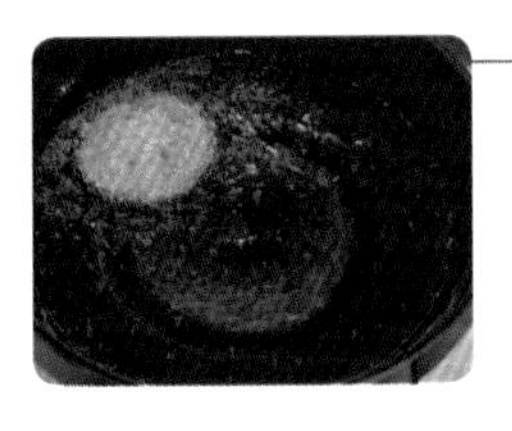

10. 炸至两面金黄即可，依次做完所有米浆、菜和牡蛎肉。

二狗妈妈碎碎念

1. 海蛎饼勺网购即可，我试过用家用大勺子做，不好脱模。
2. 大米和黄豆的比例是 3∶1，用料理机打浆时一定注意水不能添加过多，没过食材即可。
3. 一定要提前把海蛎饼勺放在油锅中预热 5 分钟，这是方便脱模的关键。
4. 牡蛎肉网购现成的就可以，也可以买活牡蛎自己拆肉，一定要沥干水分再用。

面窝

去过武汉，对那里的面窝一直是念念不忘，其实做法不难的，自己会做，想啥时候吃就啥时候吃咯……

原料

大米 210 克
黄豆 70 克
香葱碎 10 克
姜蓉 5 克
盐 3 克

做法

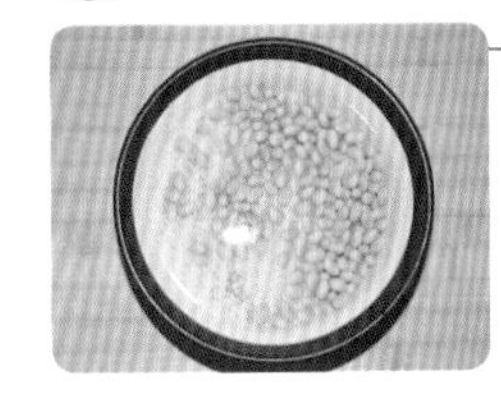

1. 210 克大米、70 克黄豆放在水中，浸泡 6 小时以上。

2. 把大米、黄豆倒入料理机，注意水量，没过大米、黄豆即可。

3. 将大米、黄豆打成浆后倒在碗中。

4. 在碗中再加入 10 克香葱碎、5 克姜蓉、3 克盐，搅匀后，静置 1 小时。

5. 大火烧热油锅，面窝勺放在油锅中 5 分钟后拿出。

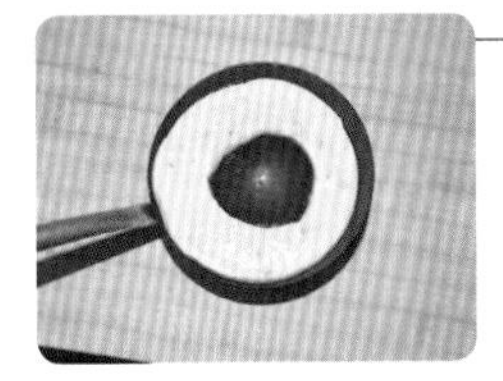

6. 将面窝勺中倒入米浆。

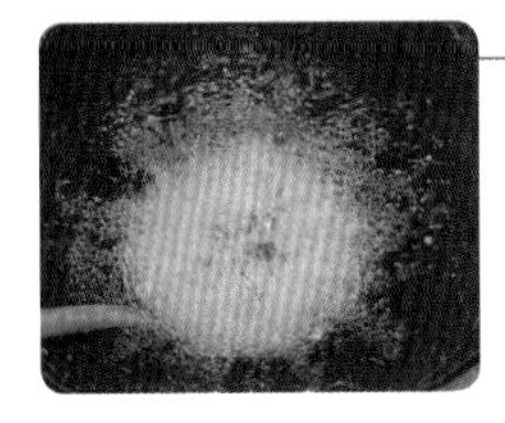

7. 中火炸制，约 3 分钟后，轻拨面窝，面窝就会脱模。

8. 将面窝炸至两面金黄即可。

二狗妈妈**碎碎念**

1. 面窝勺网购即可。
2. 大米和黄豆的比例是 3∶1，用料理机打浆时一定注意水不能添加过多，没过食材即可。
3. 一定要提前把面窝勺放在油锅中预热 5 分钟，这是面窝不粘勺子的关键。

炸糕

自家做的红豆馅，包进炸糕里，好吃得不得了……

原料

温水 230 克
酵母 3 克
糯米粉 240 克
中筋粉 40 克
红豆馅约 300 克

做法

1. 230 克温水倒入盆中，加入 3 克酵母搅匀。

2. 盆中加入 240 克糯米粉、40 克中筋粉。

3. 将面粉揉成面团，盖好，静置约 1 小时。

4. 静置好的面团明显变胖，约是原来的 2 倍。

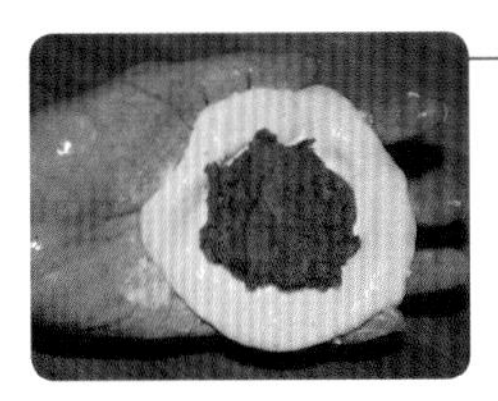

5. 先去把油锅准备好，开中火准备好，然后双手抹油，抓一把面团，揉圆按扁，放入红豆馅。

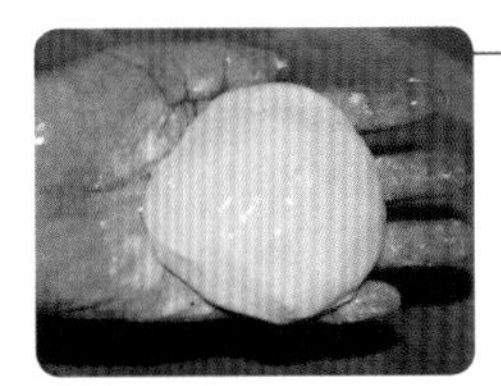

6. 慢慢把收口收紧，再稍按扁。

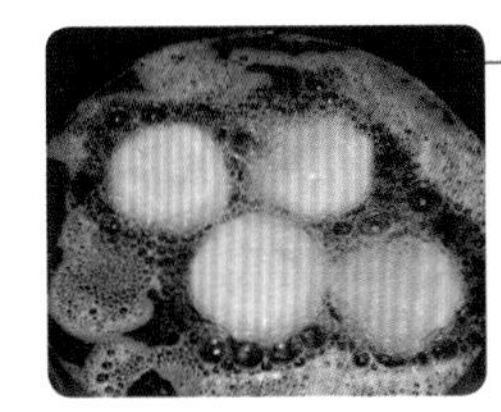

7. 立即送入油锅，做一个放油锅一个。

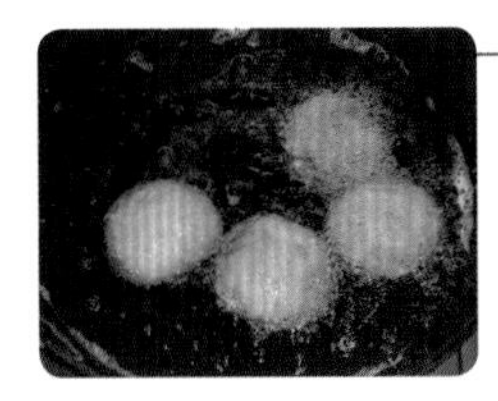

8. 炸至两面金黄即可出锅。

二狗妈妈**碎碎念**

1. 加入一点儿中筋粉是为了降低皮的黏度，吃起来会更脆一些。
2. 红豆馅不要包入太多，要不然会不太好收口。
3. 一定要提前把油锅准备好，这样边包边炸会比较节约时间，也好操作一些。

脆皮炸鲜奶

酥脆的外皮，柔软的内心，入口的一瞬间，满足感油然而生……

原料

奶冻：
玉米淀粉 50 克
白糖 30 克
牛奶 260 克

脆皮糊：
中筋粉 80 克
鸡蛋 1 个
水 70 克
面包糠约 50 克

做法

1. 50 克玉米淀粉、30 克白糖放入小锅。

2. 加入 260 克牛奶搅匀。

3. 开中火，边加热边搅动，一直到非常浓稠的状态，关火。

4. 把奶糊倒入保鲜盒，凉透后放入冰箱冷藏 1 小时至凝固。

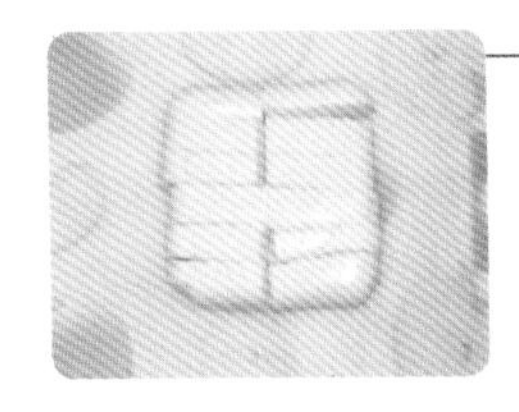

5. 把冷藏成型的奶冻从保鲜盒中扣出，切成长方块。

6. 80 克中筋粉放入大碗中，加入 1 个鸡蛋、70 克水搅成糊状。

7. 准备好 50 克左右的面包糠。

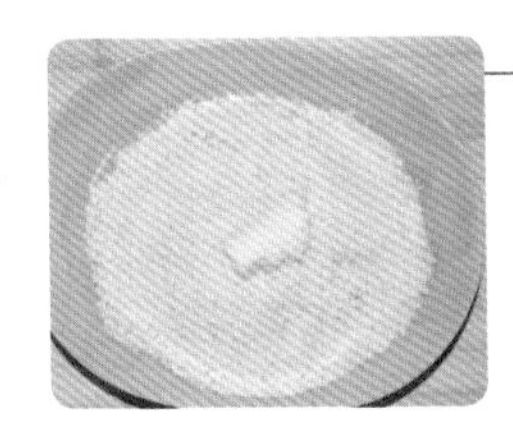

8. 把奶冻放在面糊中裹满面糊后放在面包糠上沾满面包糠，依次裹完所有奶冻。

9. 中火加热油锅，油锅大概五成热的时候把奶冻放入锅中，保持中火，炸至金黄即可出锅。

二狗妈妈**碎碎念**

1. 如果想要奶味更浓郁，可以在奶冻糊中加入 10~20 克炼乳。
2. 奶冻糊自然凉透后，可以冷藏 1 小时，也可以冷冻 30 分钟。
3. 调制脆皮糊时，要注意糊的状态，提起打蛋器，面糊往下滴落时应是顺畅的。

“果腹”就是填饱肚子，也就是说分量大、有肉有菜有主食，这种美味小吃是最接地气的，也是咱老百姓最喜欢的。

我没有把本章节的美味小吃进行再分类，是因为这个章节里面的小吃，每一种吃完以后，一定会特别满足，而且会有饱腹感，不信吗？那您一样一样做出来，吃下去试试吧……

08 CHAPTER

吃一份就能果腹的美味小吃

黑楞楞

黑楞楞，多可爱的名字，其实也叫“洋芋馍馍”，说实话，我觉得就是土豆丸子，叫啥不重要，关键是真的很美味呀，我都后悔做少了呢，这一盘，也就够我一个人吃！如果家里人多，那再多来几个土豆吧！

原料

土豆丸子：

去皮土豆 2 个（约 1000 克）
水 300 克
葱末 15 克
盐 3 克
花椒粉 0.5 克

蘸汁：

葱末 15 克
蒜末 15 克
热植物油 30 克
醋 25 克
生抽 25 克
油泼辣子 10 克

做法

1. 2 个土豆，去皮后约 1000 克。

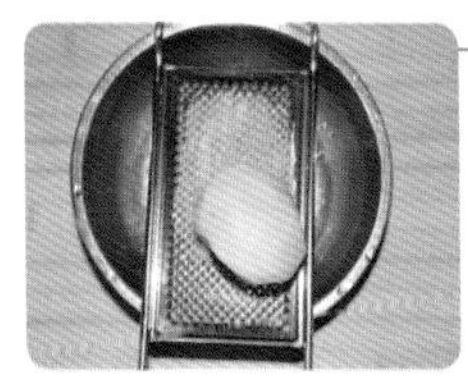

2. 放在擦节床上擦成蓉（或者用料理机打成蓉）。

3. 土豆蓉里加入 300 克水，搅匀。

4. 用纱布把土豆蓉挤干水分，挤出来的土豆汤不要扔，静置 10 分钟。

5. 静置后的土豆汤倒掉上面的水，留下底层淀粉。

6. 把淀粉倒入土豆蓉中，加入 15 克葱末、3 克盐、0.5 克花椒粉。

7. 将原料抓匀。

8. 把土豆蓉分成喜欢的大小，搓圆后码放在铺好屉布的蒸屉上。

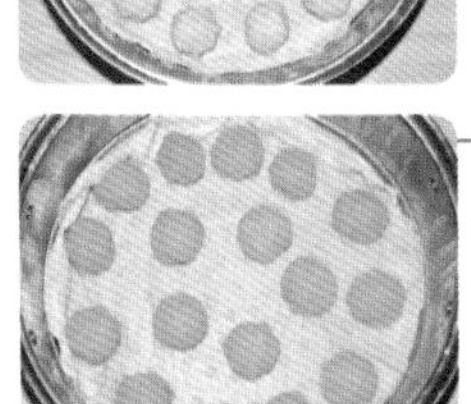

9. 蒸锅烧开后，再把蒸屉放入锅中，中火蒸 20 分钟。

10. 15 克葱末、15 克蒜末放入碗中，倒入 30 克热植物油。

11. 碗中再加入 25 克醋、25 克生抽、10 克油泼辣子，把蒸好的土豆丸子蘸这个汁食用。

二狗妈妈碎碎念

1. 擦节床网上有售，但我觉得真的是耗时费力，不如直接把土豆切小块，放入料理机，加水打碎，非常省事儿。
2. 喜欢吃辣的，可以在土豆蓉里加一些辣椒粉。
3. 蘸汁很随意，不必非要和我的一样。蒸好的“土豆丸子”可以放凉，用各种菜炒，也很好吃的。

煎饼果子

原料

薄脆：
水 45 克
植物油 10 克
盐 1 克
中筋粉 100 克

煎饼面糊：
中筋粉 70 克
绿豆面 50 克
水 200 克

配料：
鸡蛋 3 个
香葱碎 15 克
生菜叶 3 片
黄豆酱 20 克
豆腐乳汁 10 克
黑芝麻少许

要！要！切克闹！煎饼果子来一套！我说鸡蛋，你说要！鸡蛋！要！鸡蛋！要！

做法

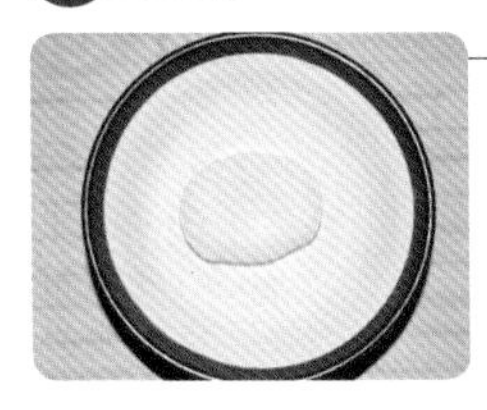

1. 45 克水、10 克植物油、1 克盐放入碗中，搅匀后加入 100 克中筋粉，揉成面团，静置 20 分钟后揉匀，再静置 10 分钟。

2. 把面团放案板上擀开成长方形，擀得越薄越好。

3. 分成 5 厘米 ×8 厘米左右大小的长方形，在每个长方形中间划三四刀。

4. 油锅大火烧热转中火，把面片炸至两面金黄。

5. 捞出后放在厨房用纸上沥油备用。

6. 70 克中筋粉、50 克绿豆面放入碗中。

7. 倒入 200 克水，搅匀，盖好，静置 15 分钟。

8. 准备好 3 片生菜叶、15 克香葱碎，再把 20 克黄豆酱和 10 克豆腐乳汁混合备用。

9. 不粘平底锅底擦少许油，开小火后，立即舀一大勺面糊到锅中。

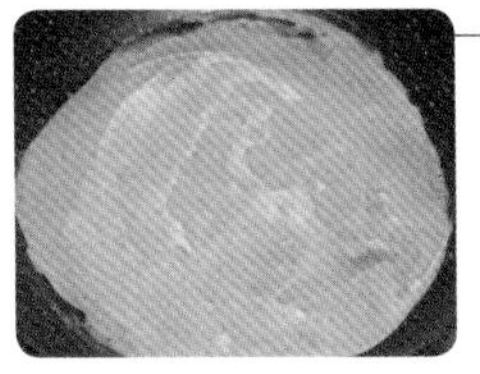

10. 快速用锅铲把面糊摊至铺满锅底。

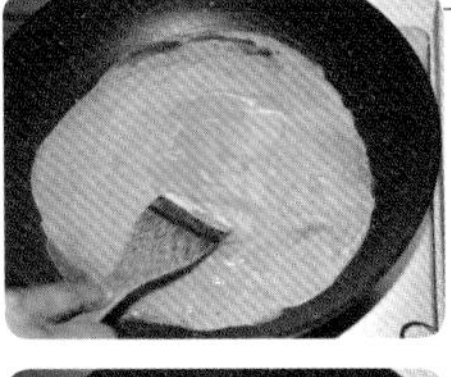

11. 打一个鸡蛋，用锅铲把鸡蛋铲碎，再把蛋液铺满整个饼。

12. 撒一点儿香葱碎和黑芝麻。

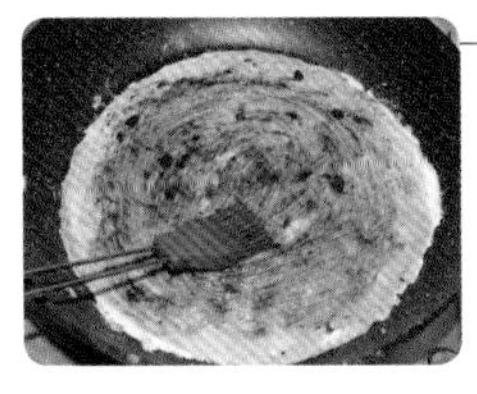

13. 翻面，抹上一层酱料。

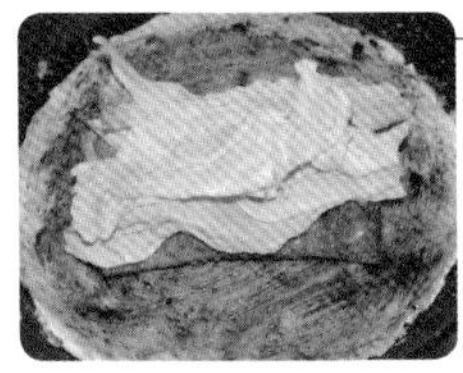

14. 放 1~2 块薄脆，再放一片生菜叶。

15. 用饼把薄脆和生菜包起来，关火，吃的时候从中间切断即可。

二狗妈妈**碎碎念**

1. 这个面糊的量做了 3 个约 26 厘米直径大小的煎饼，一定要全程小火。
2. 薄脆可以用油条替换，煎饼中间还可以夹火腿肠、撒咸菜碎。
3. 酱料可以用自己喜欢的任何酱替换，比如蒜蓉辣酱、香菇酱等。

拉条子

我去新疆馆子一定要点拉条子吃，有菜有面，呼噜呼噜吃一大盘子，特别过瘾……那要是自己在家想吃，就自己做吧，虽然没有人家做得那么好，但味道也不赖呀……

原料

拉条子：
- 水 160 克
- 盐 3 克
- 中筋粉 300 克
- 油适量

浇头：
- 羊里脊肉 260 克
- 生抽 25 克
- 淀粉 12 克
- 料酒 10 克
- 白胡椒粉 1 克
- 洋葱 200 克
- 青椒块 60 克
- 胡萝卜片 60 克
- 西红柿块 350 克
- 植物油 30 克
- 酱油 20 克
- 白糖 6 克
- 番茄酱 120 克
- 水 100 克

做法

1. 160 克水倒入盆中，加入 3 克盐，搅匀后加入 300 克中筋粉揉成面团，盖好，静置 30 分钟。

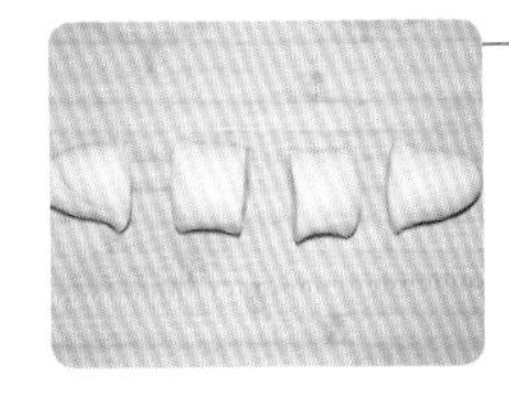

2. 把面团放案板上揉光滑，搓长，分成 4 份。

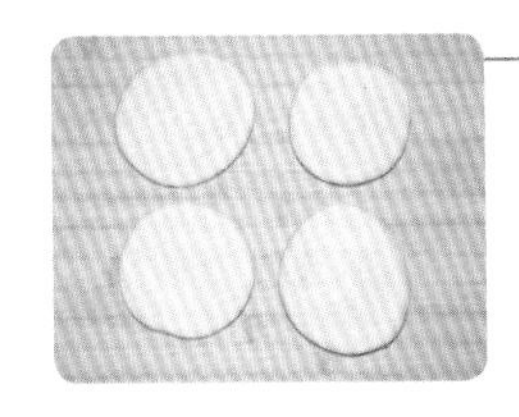

3. 擀成厚约 1 厘米的圆饼。

4. 在盘子里抹油，在饼上抹油，盖好，室温静置 2 小时或冰箱冷藏一宿。

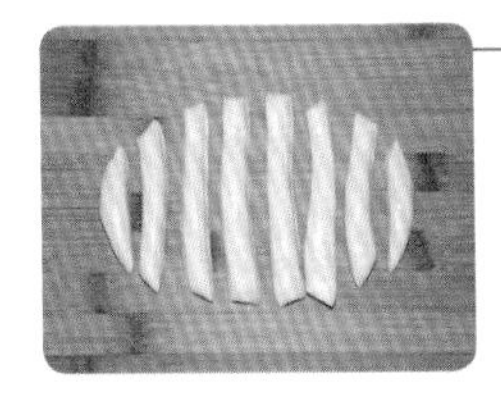

5. 把面饼切成 1 厘米左右的长条。

6. 搓成小手指粗的长条，码放在倒满油的盘子中，盖好，静置至少 40 分钟。

7. 静置面条的时间我们来做浇头：260 克羊里脊肉切片，加入 25 克生抽、10 克料酒、12 克淀粉、1 克白胡椒粉抓匀备用。

8. 再准备好 200 克洋葱丝、60 克青椒块、60 克胡萝卜片、350 克西红柿块。

9. 大火烧热炒锅，倒入 30 克植物油，下入羊肉，炒变色后，倒入洋葱、青椒和胡萝卜。

10. 把洋葱炒软后，倒入 20 克酱油、6 克白糖。

11. 把西红柿倒进锅中。

12. 把西红柿炒软后，倒入 100 克水。

13. 大火翻炒至西红柿基本化成汤后，倒入120克番茄酱，翻炒均匀关火备用。

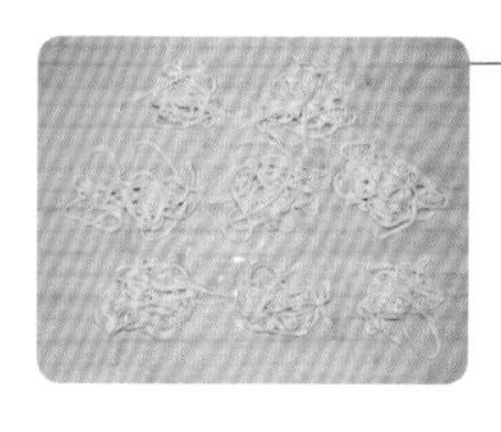

14. 把静置好的面条一根一根地抻拉成想要的粗细。

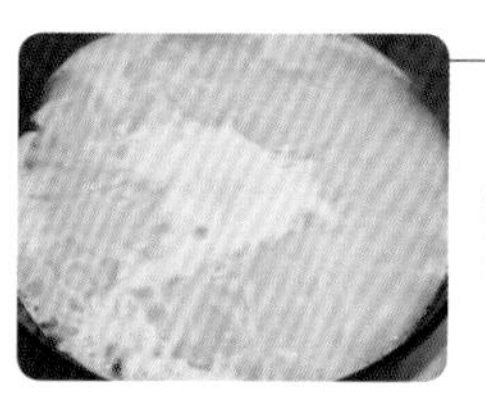

15. 锅中烧开水，把面条下入，再一开锅就熟了。

16. 把面条捞出过凉水，然后装盘，浇上炒好的浇头就可以开吃了。

二狗妈妈碎碎念

1. 拉条子的面团静置时间一定要充分，不然拉不长哟。

2. 浇头用的羊肉可以是羊腿肉，如果您不吃羊肉的话，可以用牛肉、猪肉。

3. 浇头里的配菜除了洋葱、西红柿必备外，其他可以按您喜欢的放。

4. 拉条子开锅就熟，煮的时间不要太长，过凉水是为了更筋道。

肉夹馍

原料

● 炖肉：
带皮五花肉 900 克
大葱 3 段
姜 3 片
八角 2 颗
桂皮一小块
干辣椒 2 个
黄豆酱 120 克
老抽 30 克
酱油 30 克
冰糖 20 克
花椒一小把

● 普通肉夹馍的饼：
水 170 克
酵母 3 克
中筋粉 300 克

● 老潼关肉夹馍的饼：
水 200 克
植物油 10 克
盐 3 克
中筋粉 400 克

去陕西三姐家每次必吃的吃食之一，又酥又香的，咱做的虽然没有人家那么好看，但味道还是很棒的……

做法

1. 一块带皮五花肉(约900克)，洗净后切成5厘米左右的大块。

2. 把肉放在锅中，加水没过，放一小把花椒到锅中，不盖锅盖，大火烧开，把肉翻拌均匀，煮约两三分钟后关火。

3. 把肉捞出后再清洗一下放入砂锅（可以用您喜欢的锅，不一定是砂锅）。

4. 准备3段大葱、3片姜、2颗八角、一小块桂皮、2个干辣椒。

5. 准备一个碗，放入120克黄豆酱、30克老抽、30克酱油、20克冰糖。

6. 把准备好的料都放入锅中，加水，水与肉齐平即可，大火烧开。

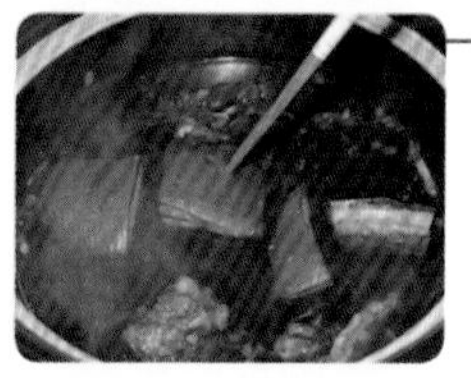

7. 转小火，炖足90分钟，用筷子轻易插透肉块就可以关火了。尝一下汤的咸淡，觉得淡可以加一点儿盐。

8. 如果您吃普通肉夹馍，请把170克温水放入盆中，加入3克酵母搅匀。

9. 在盆中加入300克中筋粉，揉成面团，盖好，放温暖地方发酵约60分钟。

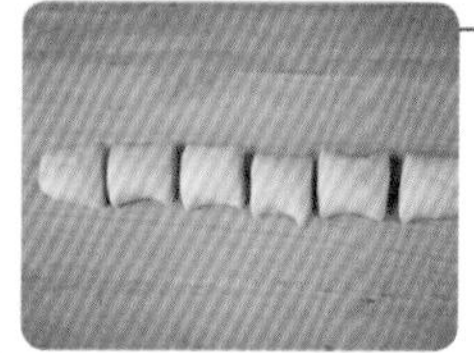

10. 案板上撒面粉，把面团放案板上揉匀后平均分成6份。

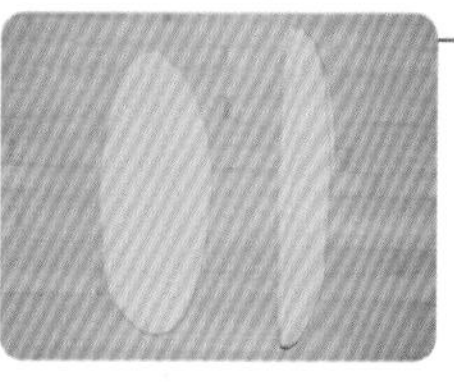

11. 取一块面团擀长，左右对折。

12. 将面团从一头卷起。

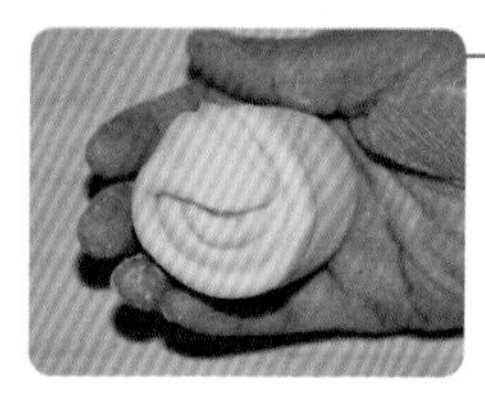

13. 把面团的尾巴藏在下方。

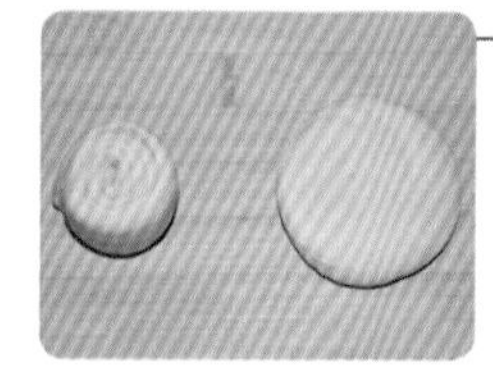

14. 面团收口朝下，按扁。

15. 同样的方法把6个饼子都做好，稍擀薄，盖好，静置15分钟。

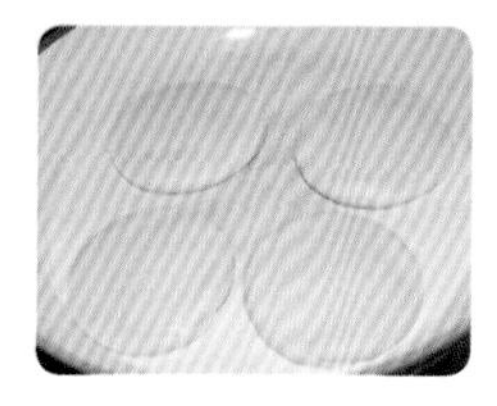

16. 平底锅大火烧热转小火，不用放油，直接放饼。

17. 盖好锅盖，每面烙约 3 分钟，烙至焦黄色就可以出锅了。

18. 把肉捞出，放一些尖椒、香菜碎（不喜欢可以不放尖椒和香菜），浇一些肉汤。

19. 把烙好的饼从中间剖开（不切断），把剁好的肉塞进饼中，就可以食用啦。

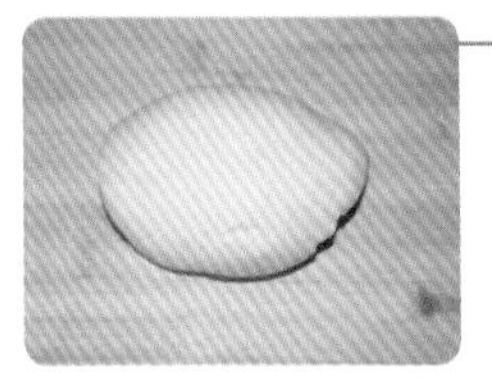

20. 如果您吃老潼关肉夹馍，请将 200 克水、10 克植物油、3 克盐放入盆中搅匀，再加入 400 克中筋粉，揉成面团，盖好，静置 30 分钟。

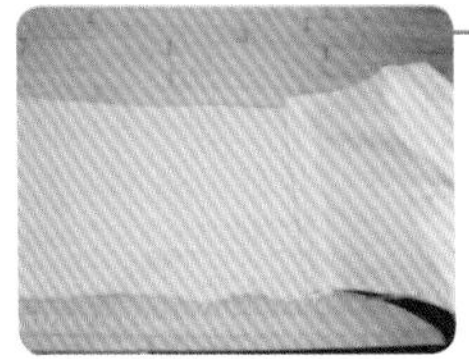

21. 面团放在案板上，擀成宽约 30 厘米、长约 100 厘米的大薄片。

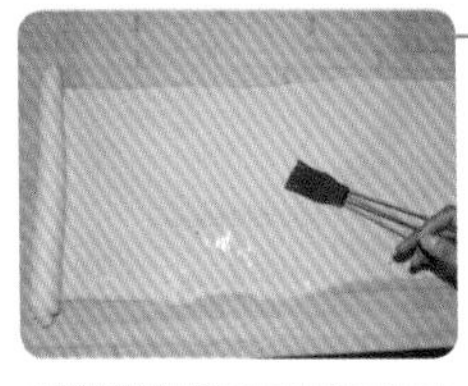

22. 把面片卷起来，1/3 后，在未卷起来的面片上刷油。

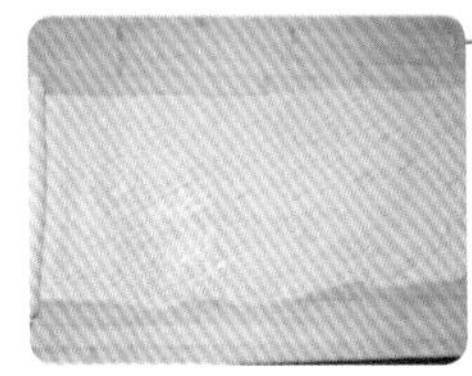

23. 把面片斜着用刀划出细面条。

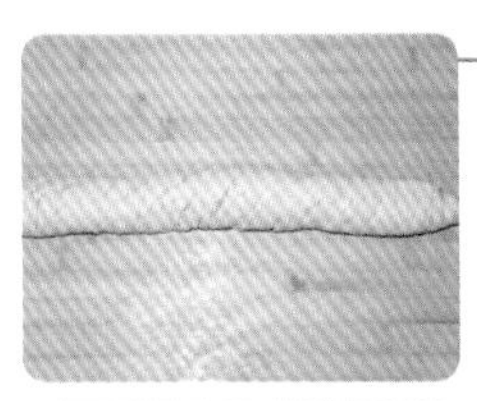

24. 将面片卷起来。

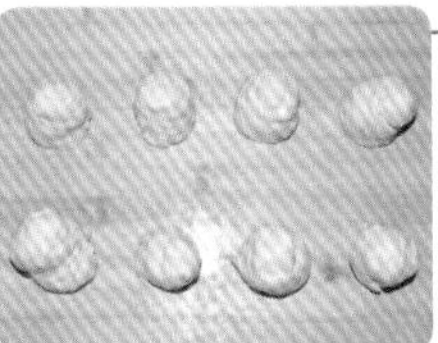

25. 把整个面柱分成 8 份。

26. 将面团按扁，擀成厚约 3 厘米的饼。

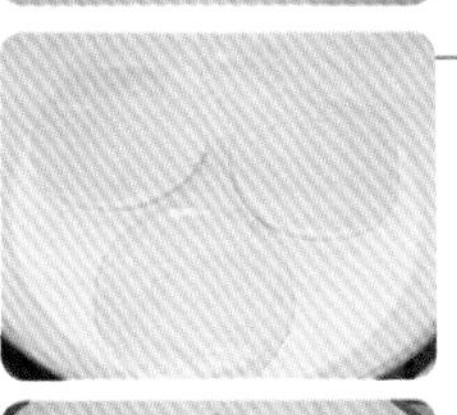

27. 平底锅大火烧热后转小火，不用刷油，直接把饼放入锅中，盖好锅盖。

28. 每面烙约三四分钟，烙至两面稍黄。

29. 把饼移至烤盘上，送入预热好的烤箱，中下层，上下火，200 摄氏度烘烤 10 分钟。

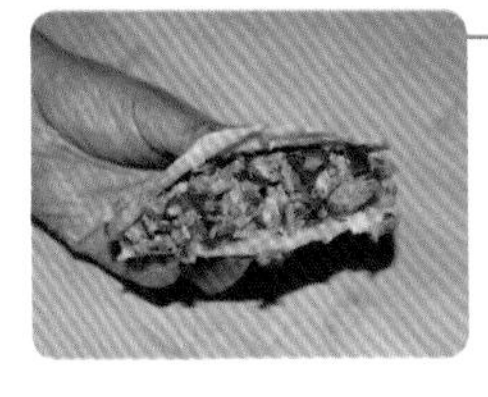

30. 把饼剖开（不切断），夹入剁碎的肉就可以食用啦。

二狗妈妈碎碎念

1. 普通肉夹馍的饼，如果想要饼再酥脆一些，可以烙好后再入烤箱，180 摄氏度烤 10 分钟。正宗的肉夹馍是不放辣椒和香菜的，我自己觉得加了这些会更好吃，这个完全看您个人喜好哟。
2. 老潼关肉夹馍的面片尽量擀得长一些、薄一些。斜着切细面条比较费功夫，要有一定的耐心哟。把卷好的面柱分成 8 份的时候，双手抹油，把面柱拧拧再揪断，这样出来的丝更细一些。先烙后烤，会更酥脆。
3. 肉炖好后尝一下汤的咸淡，应该是稍咸一点儿，如果觉得不够咸，可以再加一点儿盐。

荞面扒糕

这道美味小吃，有的地方叫扒糕，有的地方叫碗托，也有的地方叫碗团，无论咋叫，这都是一道营养丰富、制作简单的小吃……

原料

荞面扒糕：
荞麦粉 150 克
水 260 克
黄瓜丝 20 克

蘸汁：
芝麻酱 50 克
生抽 20 克
醋 10 克
水 25 克
蒜末 20 克
辣椒油 10 克
小米辣适量

做法

1. 150 克荞麦粉放入盆中。

2. 盆中加入 260 克水，搅成稠糊状。

3. 倒入抹了油的平盘中。

4. 大火烧开后，把平盘放入锅中，转中火，蒸 15 分钟。

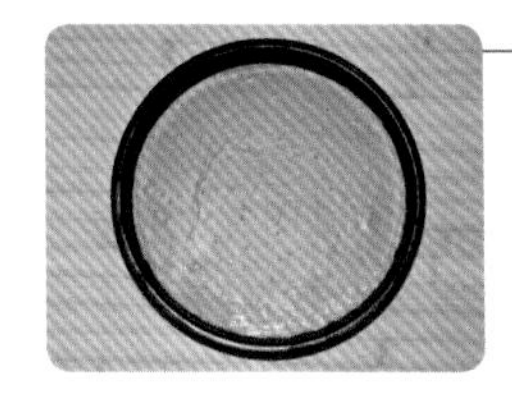

5. 蒸好的荞面扒糕要彻底凉透。

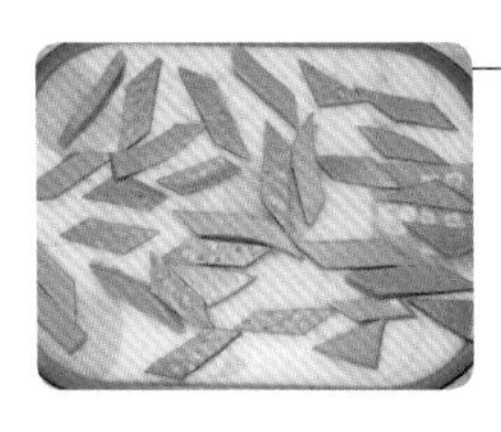

6. 从盘中取出后，切成小块。

7. 取一个小碗，加入 50 克芝麻酱、20 克生抽、10 克醋。

8. 顺一个方向搅匀后再分次加入 25 克水搅匀，再加入 20 克蒜末、10 克辣椒油。

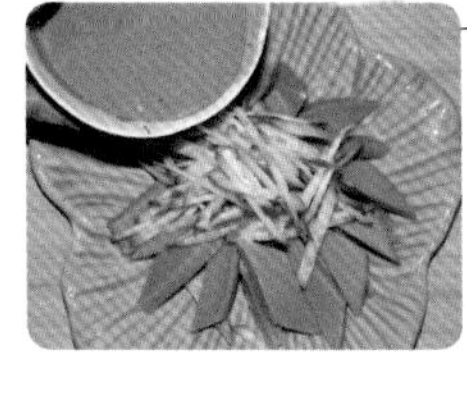

9. 荞面扒糕块放入盘中，切 20 克左右的黄瓜丝，把调好的麻酱汁倒在上面拌匀，根据自己喜好放一些小米辣即可食用。

二狗妈妈碎碎念

1. 荞麦粉里也可以掺一些中筋粉，这样蒸出来的颜色更白一些，不过我更喜欢这种纯荞麦粉的，营养丰富哟。
2. 水的用量要根据面粉的吸水量一点一点加，搅匀后的面糊要稍稠一些但可以流动的状态。
3. 我为了蒸得透一些，用的是平盘，您也可以用碗、用小盆，都可以的，但一定要抹油，蒸制时间也要增加一些。

羊肉泡馍

外面做的羊肉泡馍，咱自己在家也能做，自己做的好处就是想放多少肉就放多少肉，想掰多少馍就掰多少馍！任性！

原料

○炖羊肉：
羊腿肉 1 块（约 1400 克）
花椒 2 克
白芷 2 片
草果 1 人
肉蔻 1 个
山柰 2 块
干辣椒 2 个
姜 2 片
盐 15 克

○馍：
发面团：
水 65 克
酵母 1 克
中筋粉 120 克

死面团：
水 85 克
中筋粉 200 克

○配料：
泡发木耳 3 朵
泡发粉丝一小把
白胡椒粉 1 克
香菜少许
辣椒油少许

做法

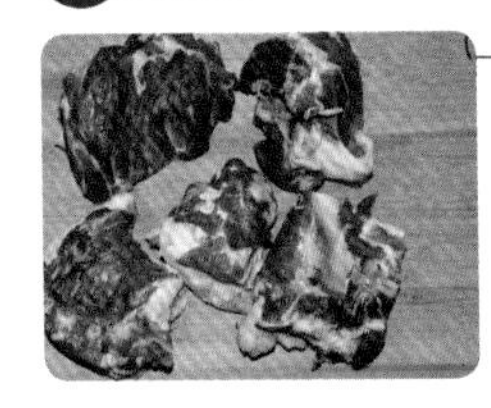

1. 1 块羊腿肉（约 1400 克），切大块。

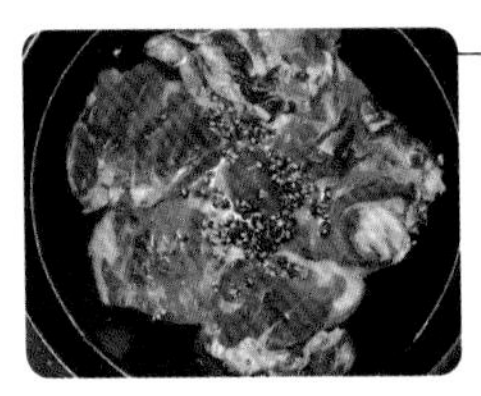

2. 把羊腿肉放入锅中，加冷水没过羊肉，放 2 克花椒。

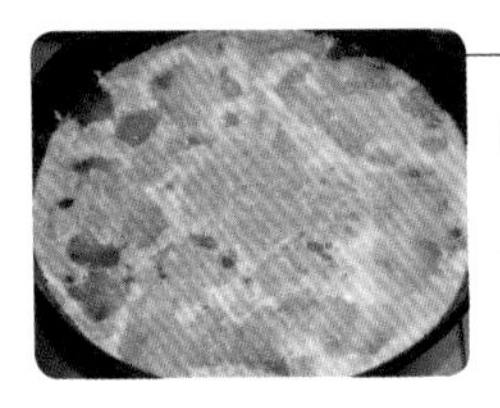

3. 不盖锅盖，大火烧开，把羊肉翻拌均匀，煮 3 分钟关火。

4. 把羊肉捞出，温水冲洗干净后，放在砂锅中，加温水没过羊肉，尽量水加多一些。

5. 准备好调料：2 片白芷、1 个草果、1 个肉蔻、2 块山柰、2 个干辣椒、2 片姜。

6. 将调料都放入锅中，大火烧开，转小火，炖足 2 小时。

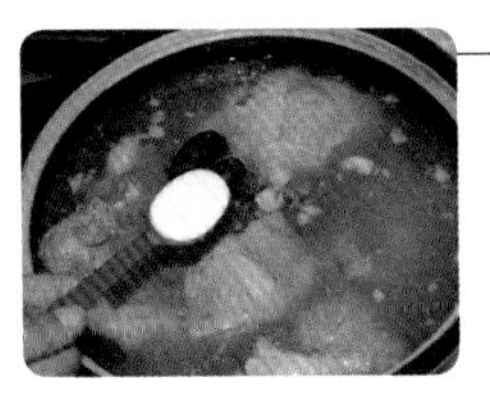

7. 关火，放入 15 克盐，尝一下汤的咸度。

8. 在炖羊肉的时间，我们来和两个面团：一个是发面团：65 克水加 1 克酵母、120 克中筋粉。一个是死面团：85 克水加 200 克中筋粉。

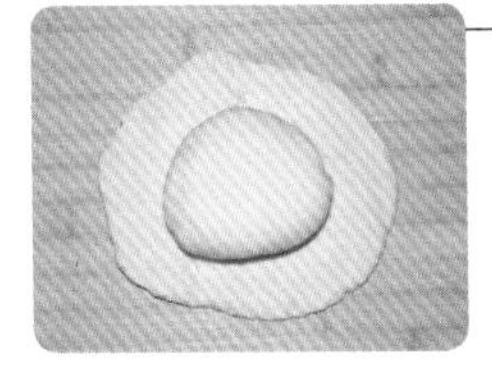

9. 盖好，静置 1 小时后，把发面团擀开，把死面团放在发面团中间。

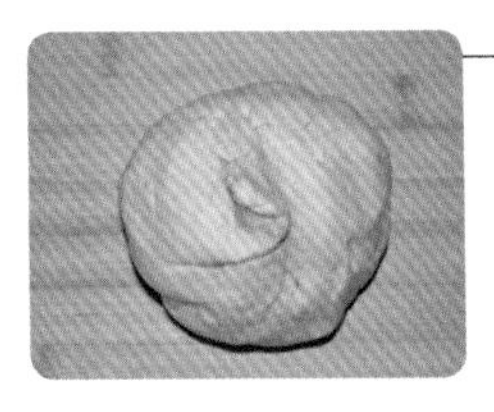

10. 如图，用发面团把死面团包紧。

11. 将面团擀开，随意切成大块。

12. 把这些大面片摞起来，按扁。

13. 将面皮揉匀成面团。

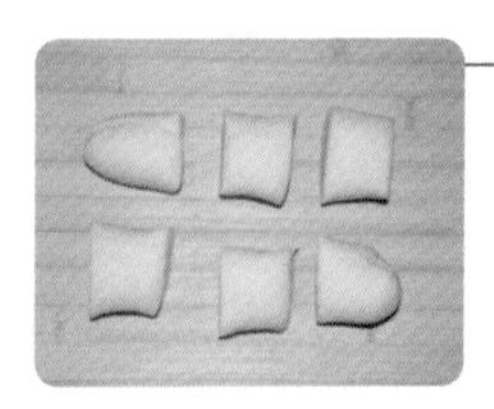

14. 将面团分成 6 份。

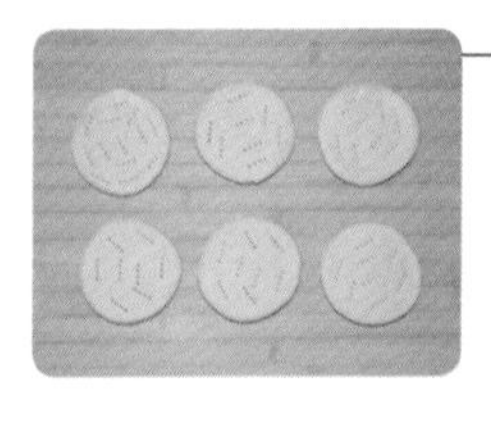

15. 将小面团擀成圆饼，在饼上用叉子叉一些孔。

16. 平底锅大火烧热后转中小火，把饼放在锅中烙至两面发黄。

17. 烙好的馍掰成小块放入碗中。

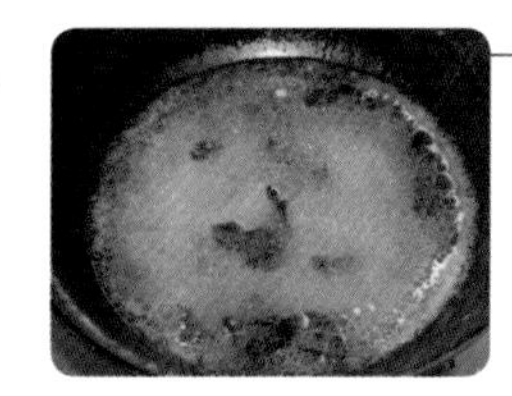

18. 另取一个锅，放入足量羊肉汤，加入 3 朵泡好的木耳、一小把泡好的粉丝，煮开，放入 1 克白胡椒粉。

19. 把煮好的羊肉汤倒入馍碗中，加入切成块的羊肉和香菜，淋辣椒油，大功告成。

二狗妈妈**碎碎念**

1. 羊腿肉最好有羊骨，一起熬汤味道更好，可惜我家超市总是把肉剔好，骨头买不到。

2. 盐的用量一点儿一点儿加，根据个人口味进行调整。

3. 馍用的是半发面团，这种面团做出的馍泡时间长也不会散，但死面团因为含水量较少，揉的时候会比较费力，千万别再加水。

栲栳栳莜面

每次去西贝莜面村吃饭，我总是在人家卷莜面的大姐那里看半天，人家一搓一提一卷，单手就可以完成，而且速度那叫一个快哟，可惜我虽然看到烂熟于心，但一实际操作起来，完全不是那么回事。那只好就用笨办法吧，反正不管怎么操作，也没人家做得好看，但吃起来还是好吃得很哟！

原料

羊肉浇头：

羊腿肉 300 克
西红柿 400 克
土豆 200 克
葱末 30 克
姜丝 20 克
蚝油 25 克
酱油 25 克
植物油 30 克
白胡椒粉 1 克
白芷粉 1 克
盐 3 克

莜面卷卷：

莜面 250 克
开水 250 克

做法

1. 300 克羊腿肉切小块，400 克西红柿切碎，200 克土豆切丁。

2. 准备好 30 克葱末、20 克姜丝。

3. 大火烧热炒锅，倒入 30 克植物油，把葱、姜放入锅中炒香，倒入羊腿肉。

4. 不停翻炒羊肉，大概炒约 3 分钟，倒入西红柿。

5. 翻炒均匀后，倒入 25 克蚝油、25 克酱油、1 克白胡椒粉、1 克白芷粉。

6. 在锅中加水没过食材，倒入土豆丁。

7. 盖好锅盖，小火炖 45 分钟，尝一下羊腿肉是否软烂，关火，加入 3 克盐，浇头就做好了。

8. 在炖羊肉的时候就可以和面啦，250 克莜面放入碗中，加入 250 克开水。

9. 趁热将面粉搅成絮状。

10. 等面絮不烫手了将其揉成面团，放在案板上揉光滑，盖好，静置 30 分钟。

11. 把面团搓长，分成 15 克一个的小剂子。

12. 菜刀上抹油，取一个小剂子放在菜刀上，擀薄。

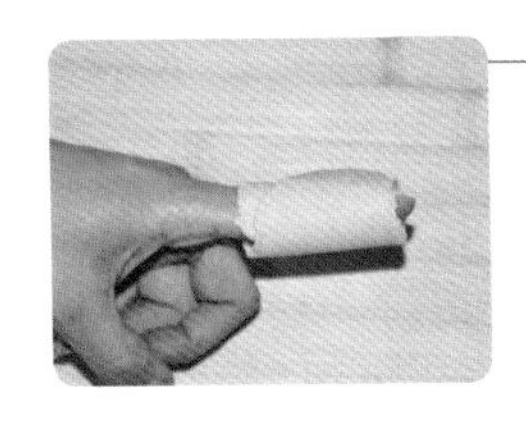

13. 将面片在食指上绕一圈。

14. 依次做好所有卷卷，码放在蒸笼上，把蒸笼放在蒸屉上，等待蒸锅烧开后，把蒸屉放在蒸锅上，大火蒸足 8 分钟。

15. 这是蒸好的莜面卷卷，趁热配上羊肉浇头，即可食用。

二狗妈妈**碎碎念**

1. 羊腿肉切得不要太大，拇指甲大小就可以了。
2. 浇头不一定非和我的一样，您可以用您喜欢的浇头，比如西红柿鸡蛋、雪菜肉末等。
3. 莜面不好消化，一次不要食用过多哟。
4. 在菜刀上擀制的时候，注意安全，如果家里有不锈钢案板，可以直接在不锈钢案板上抹油擀制。
5. 如果没有竹制蒸屉，可以用蛋糕模具或是深一点的盘子，也可以靠着蒸屉边码放，主要是为了卷卷能够挺立，不趴下。

洋芋擦擦

做好洋芋擦擦，我和先生一人一大碗，哎哟！美得很！再来一瓣蒜！

原料

去皮土豆 2 个（约 600 克）
中筋粉 250 克
葱末 50 克
红椒碎 20 克
蒜末 30 克
盐 3 克
花椒粉少许
辣椒粉少许
植物油 30 克

做法

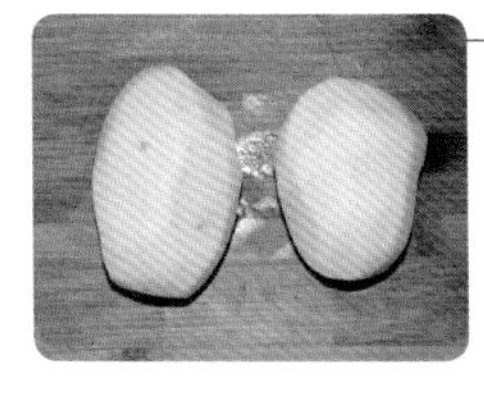

1. 2 个土豆，去皮后约 600 克。

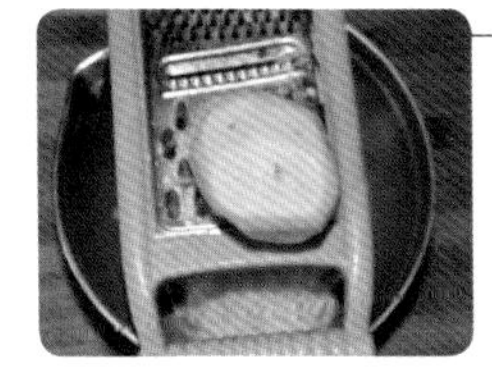

2. 用擦子将土豆擦成短一些、粗一些的丝。

3. 如图，全部擦好。

4. 将土豆丝过水，洗去淀粉，滤干水分。

5. 250 克左右的中筋粉分 3~4 次放到盆中，晃动盆，让每根土豆都均匀地沾上面粉。

6. 蒸锅放足冷水，大火烧开，蒸屉铺屉布，把土豆丝都放在屉布上，大火蒸 8 分钟。

7. 出锅后，把土豆丝放在盖帘上，抖散稍凉。

8. 准备好 50 克葱末、20 克红椒碎、30 克蒜末。

9. 大火烧热炒锅，倒入 30 克左右的植物油，把葱末、蒜末和红椒碎全部倒入锅中，炒香。

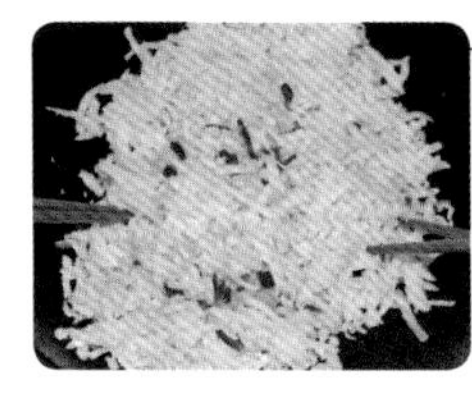

10. 把土豆丝放入锅中，用两双筷子抖散，炒约 1 分钟关火。

11. 放入 3 克盐、少许花椒粉和辣椒粉，拌匀出锅。

二狗妈妈碎碎念

1. 土豆擦得不要太长，面粉不要一次性放入，放一次就晃盆，让面粉均匀且薄一点地沾在土豆上。
2. 蒸制时间不要太长，蒸得太软不好吃，如果蒸好以后蘸汁吃，那就多蒸 1 分钟。
3. 炒的时候用料其实很随意的，看自家有什么菜就放什么菜炒，也可以炒一些肉丝哟。

蚝烙

大量香葱香菜的加入，使得这款美食格外的鲜，蚝肉的嫩滑搭配鸡蛋的香，还有红薯粉的脆，还有甜辣酱的画龙点睛，一切就是这样刚刚好！

原料

生蚝肉 300 克
香葱碎 40 克
香菜碎 40 克
白胡椒粉 1 克
生抽 5 克
红薯淀粉 120 克
水 150 克
鸡蛋 4 个
蒸鱼豉油 16 克
甜辣酱适量

做法

1. 准备好 300 克生蚝肉，洗净后沥干水分。

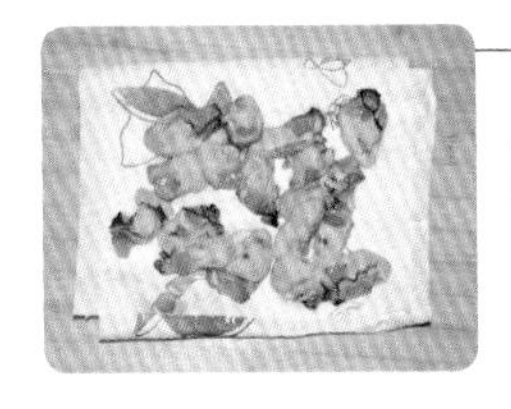

2. 生蚝肉用厨房用纸吸一下水分。

3. 准备好 40 克香葱碎、40 克香菜碎。

4. 120 克红薯淀粉倒入碗中，加入 150 克水搅匀。

5. 把生蚝肉、香葱、香菜都放在红薯淀粉糊中，加入 1 克白胡椒粉、5 克生抽。

6. 准备好 4 个鸡蛋，打散备用。

7. 18 厘米的不粘平底锅大火烧热，倒入 20 克左右的油，倒入一半的蚝肉糊，改中小火。

8. 等边缘变凝固后，倒入一半的鸡蛋液。

9. 等鸡蛋表面稍凝固，翻面。

10. 再煎 1 分钟左右，翻面，倒入 8 克左右的蒸鱼豉油即可关火，在表面撒香菜段，出锅，搭配甜辣酱吃。再去把另一半面糊做好。

二狗妈妈**碎碎念**

1. 蚝肉有大有小，我用的是中等大小的，煎制时间会稍长一些，如果您用比较小的，那就缩短煎制时间。
2. 我喜欢吃比较厚一些的，这些材料只做了 2 个，如果您喜欢吃薄一些的，那就可以做 4 个。
3. 一般蘸甜辣酱食用，如果喜欢别的酱料，那就随意吧。
4. 每一个蚝烙用了 8 克蒸鱼豉油，2 个蚝烙用了约 16 克。

炒麻食

据说麻食这道美味，是从元朝开始流行的呢！看来这是一道有历史、有故事的吃食……

原料

麻食：

莜面粉 100 克
中筋粉 100 克
开水 160 克

配料：

红黄绿彩椒 200 克
鲜香菇 80 克
蒜片 20 克
生抽 20 克
植物油 30 克

做法

1. 100 克莜面粉、100 克中筋粉放在盆中。

2. 加入 160 克开水。

3. 迅速搅匀。

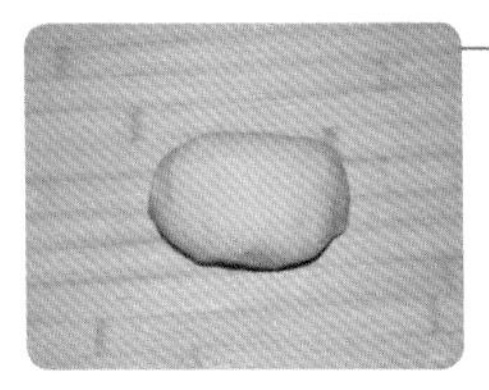

4. 凉到不烫手时揉成光滑的面团，盖好，静置 20 分钟。

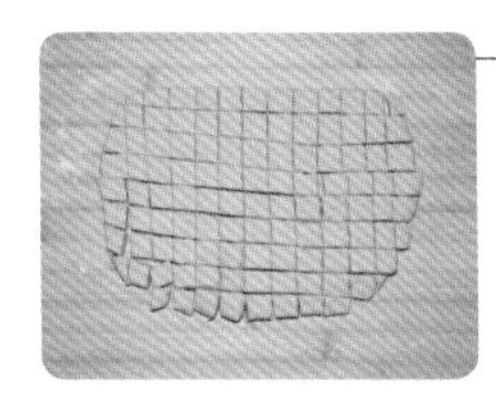

5. 把面团擀成厚约 8 毫米的厚片，然后切成 1 厘米大小的小方块。

6. 撒面粉防粘。

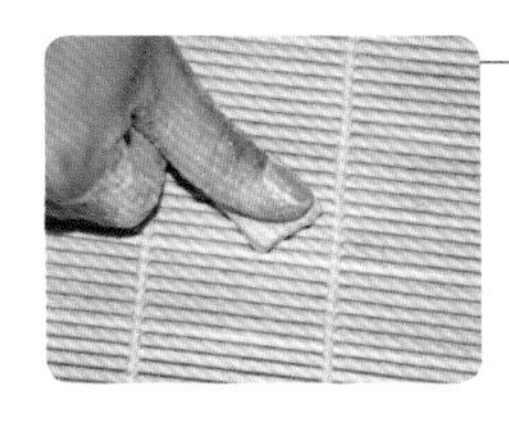

7. 取一个小面团，放在寿司帘上，用拇指按住一边往下搓。

8. 一个麻食就做好了。

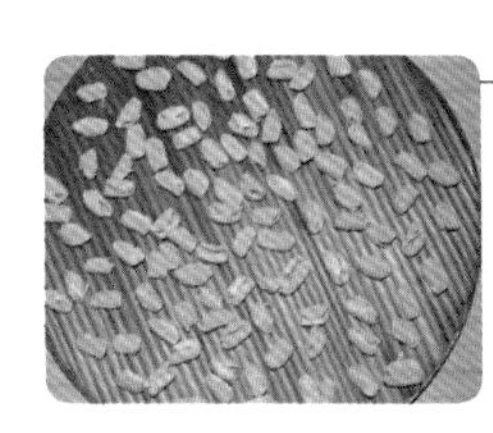

9. 依次做好所有麻食备用。

10. 锅中烧开水，下入麻食，麻食浮起来后煮 1 分钟就可以关火了。

11. 把麻食捞出，过冷水。

12. 准备好 200 克红黄绿彩椒块、80 克鲜香菇块、20 克蒜片。

13. 大火烧热炒锅，放入 30 克植物油，把蒜片放在锅中炒出香味，把香菇块放入锅中。

14. 不停翻炒，一直到香菇变软，下入红黄绿彩椒块。

15. 再炒约 1 分钟，倒入 20 克生抽。

16. 把麻食倒进锅中，翻炒均匀即可关火出锅。

二狗妈妈碎碎念

1. 麻食的面粉可以全部是莜面粉，也可以全部是中筋粉，也可以加入其他杂粮粉，那么用的开水量就会稍有不同，要注意调整。

2. 炒麻食的菜也可以灵活多变，不一定要和我的一样。

3. 麻食也可以用各种您喜欢的炒菜拌着吃，也可以做连汤带水的烩麻食，看个人喜好咯。

4. 没有寿司帘，就放在平板上搓麻食，只不过搓出来的麻食没有花纹而已。

鸡蛋灌饼

多少次，早晨走在街头，看到小贩熟练地烙饼，戳破那个大气泡，灌进去一个鸡蛋，我总是驻足很久，我很好奇为啥人家那个气泡能鼓那么老大，而且能灌那么多鸡蛋……

原料

面团：	油酥：	其他：
水 130 克	中筋粉 20 克	鸡蛋 2 个
盐 2 克	植物油 20 克	您喜欢的酱适量
中筋粉 200 克	盐 1 克	生菜叶、香肠丝适量

做法

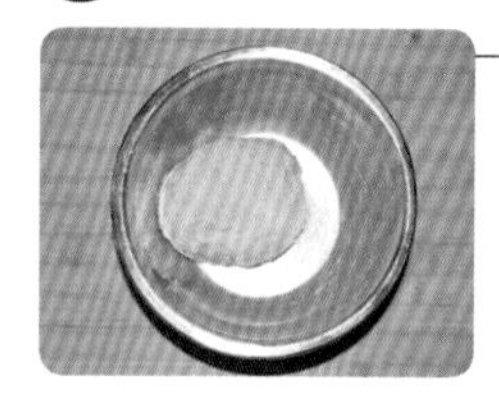

1. 130 克水、2 克盐放入盆中，加入 200 克中筋粉，揉成面团，盖好，静置 30 分钟。

2. 20 克中筋粉、20 克植物油、1 克盐放入碗中搅匀备用，这是油酥。

3. 2个鸡蛋打入碗中。

4. 把鸡蛋打散后，倒进一个有小嘴的小壶中备用。

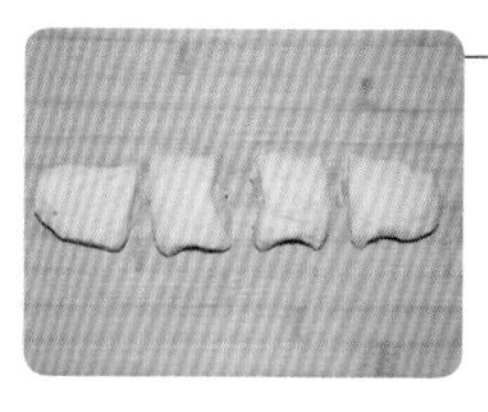

5. 静置好的面团分成 4 份。

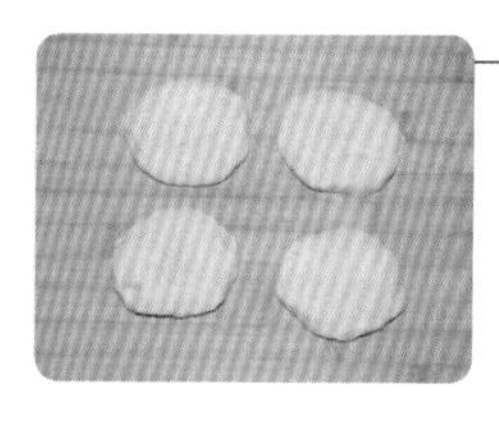

6. 将面团按扁。

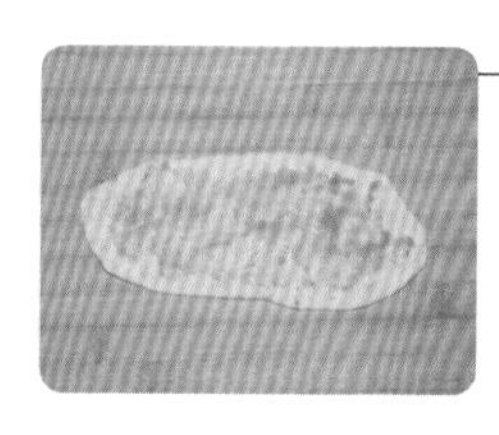

7. 将小面团擀开，抹上油酥。

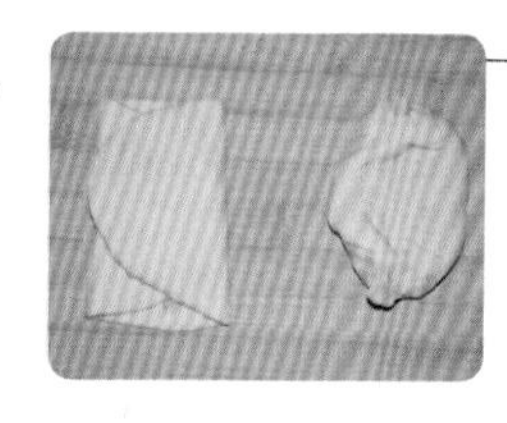

8. 面皮折 3 折后，捏紧上下两端 。

9. 再将面皮擀薄、擀圆。

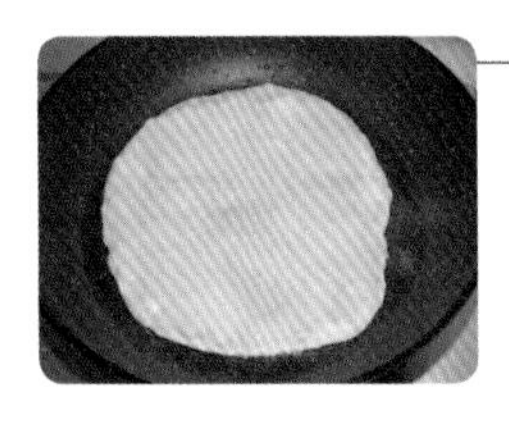

10. 大火烧热平底锅转中小火，倒入油，放入饼坯。

11. 烙约 1 分钟后，翻面，此时饼已鼓起大泡。

12. 在大泡上用筷子戳一个洞，倒入一些鸡蛋液。

13. 用筷子夹起饼，转一转，让蛋液均匀地流进在饼里面。

14. 再烙约 1 分钟，蛋液凝固即可出锅，依次做好 4 个。

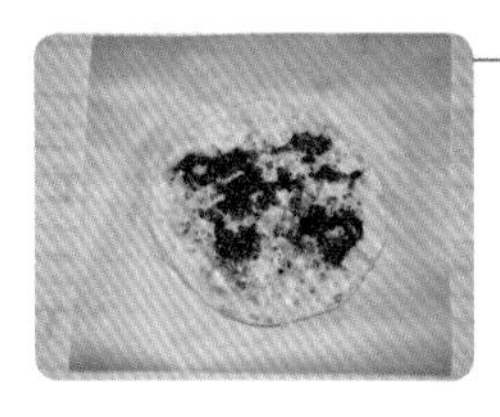

15. 在饼面抹上您喜欢的酱。

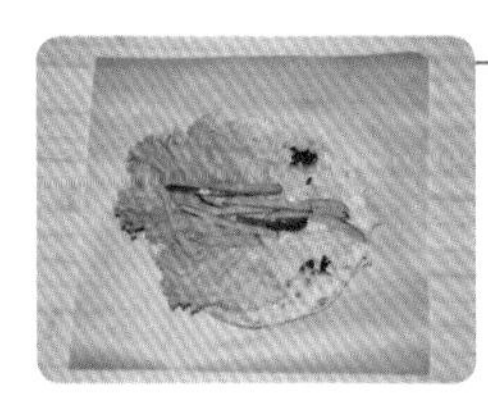

16. 铺一片洗干净的生菜叶、码一些香肠丝或熟肉丝，卷起来即可食用。

二狗妈妈**碎碎念**

1. 面团水分含量大，不要轻易加面粉，软面团烙的饼才好吃。
2. 鸡蛋的量可以增加，外卖的鸡蛋灌饼一个饼 1 个鸡蛋，我的水平有限，蛋液过多总是会漏出来。
3. 也可以在鸡蛋里面加入香葱碎，味道也很好的。
4. 酱、生菜、香肠丝都可以选用您喜欢的，我用的是香菇酱和哈尔滨红肠，因为家里正好有这些。
5. 再分享给大家一个更简单的方法，步骤 7 擀面团时，把面团擀圆，然后像包包子一样包入一些油酥，捏紧收口，按扁，擀薄，这样做的饼内部空间更大，可以一次性灌进 1 个鸡蛋。

浆水鱼鱼

原料

● “鱼鱼”用料：
70 克中筋粉
140 克水 +900 克水
180 克细玉米面

● “浆水”用料：
浆水菜 200 克
浆水 900 克

韭菜段 20 克
姜丝 10 克
葱碎 15 克
干红辣椒 4 个
盐 9 克
植物油 20 克
辣椒油适量
花椒油适量

浆水自然的酸味，搭上鱼鱼的软糯爽滑，再有一点儿辣椒油的调剂，太好吃了……

做法

1. 70 克中筋粉放入碗中，加入 140 克水搅成糊状备用。

2. 准备好 180 克细玉米面。

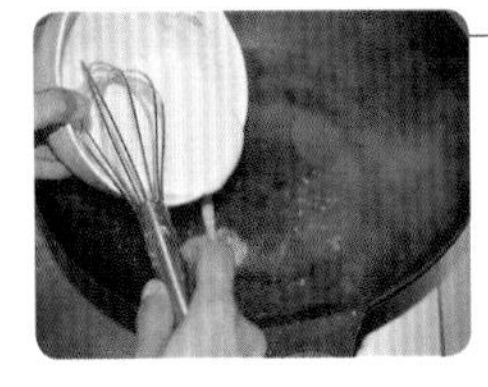

3. 锅中放入 900 克水，大火烧开后转中小火，把中筋粉面糊倒入锅中，边倒边迅速搅匀。

4. 把细玉米面用筛子一点儿一点儿筛入面糊中，边筛边迅速搅匀，一直到玉米面全部筛入锅中。

5. 用力搅，搅到非常浓稠即可关火，然后盖好锅盖，闷 10 分钟。

6. 这时候，我们来准备 20 克韭菜段、10 克姜丝、15 克葱碎、4 个干红辣椒（切丝）。

7. 再准备好 200 克浆水菜和 900 克浆水。

8. 准备一个大盆，盆中放入冷水，在盆上架一个漏网，把锅中的面糊直接倒入漏网中，用刮刀不停地往下按压面糊。

9. “鱼鱼”就漏在了盆中，过 3 遍冷水后备用。

10. 大火烧热炒锅，放入 20 克植物油，把葱碎、姜丝和辣椒丝放入锅中炒香。

11. 再把浆水菜放锅中炒约 1 分钟。

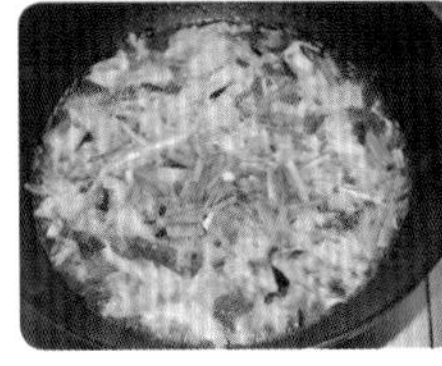

12. 倒入浆水后烧开约 1 分钟，加入 9 克盐关火，把韭菜段放锅中。

13. 把“鱼鱼”捞入碗中，把浆水倒入碗中，再按个人喜好放入辣椒油、花椒油即可食用。

二狗妈妈**碎碎念**

1. “鱼鱼”一定要用细玉米面，不然不容易成形，白面的比例还可以增加，也可以加一些玉米淀粉，这样会更筋道一些。
2. 要一次性把熬好的面糊倒入漏网，这样“鱼鱼”会更长一些、更好看。“漏网”网购即可。
3. 浆水菜和浆水网购即可，如果您会做浆水菜的话那就更好啦。
4. 浆水中的盐用量要根据自己的口味来调整。

莜面墩墩

我和先生都喜欢看美食节目，这道美味小吃就是跟何大厨学的呢……

原料

莜面面团：
莜面 200 克
中筋粉 70 克
开水 230 克

菜料：
土豆丝 160 克
胡萝卜丝 40 克
香菜段 20 克
盐 4 克
香油 5 克

蘸汁：
蒜末 10 克
醋 30 克
生抽 10 克
辣椒油 15 克

做法

1. 200 克莜面、70 克中筋粉放入盆中。

2. 盆中加入 230 克开水，迅速搅匀。

3. 不烫手时放在案板上搓揉，一直到非常光滑，盖好，静置 20 分钟。

4. 准备好 160 克土豆丝、40 克胡萝卜丝、20 克香菜段。

5. 再加入 4 克盐、5 克香油拌匀备用。

6. 把面团擀开成长方形薄片，厚约 3 毫米。

7. 把菜挤干水分铺在面片上，注意上方不要全铺满。

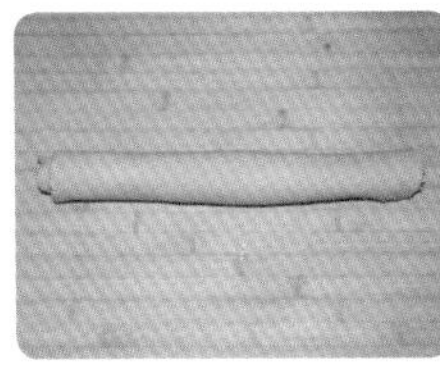

8. 将面皮卷起来，尽量卷得紧实一些。

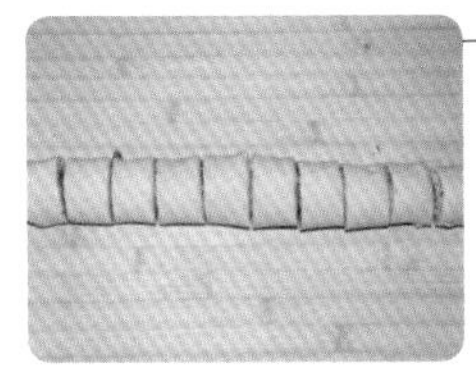

9. 将面卷切成您喜欢的大小。

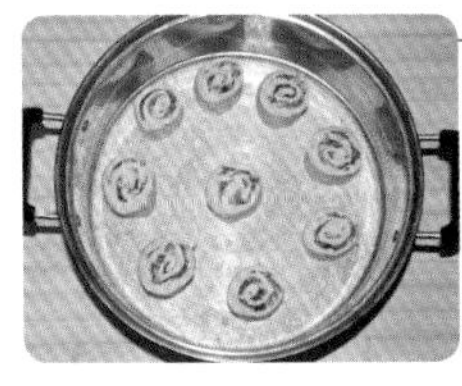

10. 码放在铺了屉布的蒸屉上，蒸锅烧开后，把蒸屉放入蒸锅，中火蒸 15 分钟即可。

11. 做蘸汁：10 克蒜末、30 克醋、10 克生抽、15 克辣椒油，拌匀，撒在蒸好的莜面墩墩上，或者用墩墩蘸着吃。

二狗妈妈碎碎念

1. 开水烫过的面团，不烫手时再去揉，反复多揉一会儿，一定要揉到非常光滑口感才更好。
2. 菜料里面的菜土豆丝不可省略，其他的菜可以自己搭配，一定要挤干水分后再铺在面片上。
3. 尽量卷紧，这样蒸出来的墩墩才不散开。
4. 蘸汁可以按自己的口味进行调整。

芋饺

一个一个的三角形芋饺，个头不大，馅也不多，但吃在嘴里全是鲜味，皮儿还有一点儿弹滑的感觉，太好吃了……

原料

○芋饺皮：
芋头 380 克
红薯淀粉 200 克

○芋饺馅：
猪肉馅 200 克
香油 5 克
蚝油 30 克
白胡椒粉 0.5 克
盐 2 克
香葱碎 10 克

做法

1. 380 克芋头蒸熟。

2. 过一下冷水后，把芋头皮去除，此时芋头重量约 320 克。

3. 将芋头趁热压成泥。

4. 芋头泥中加入 200 克红薯淀粉。

5. 将红薯淀粉与芋头泥揉成光滑的面团，盖好，静置 30 分钟。

6. 200 克猪肉馅放入碗中，加入 5 克香油、30 克蚝油、0.5 克白胡椒粉、2 克盐、10 克香葱碎，抓匀备用。

7. 把面团搓长，切成重约 7 克的小面团。

8. 取一个小面团擀开，用圆形模具扣出圆形。

9. 用刮板把面片铲起放在手上，中间放一些肉馅。

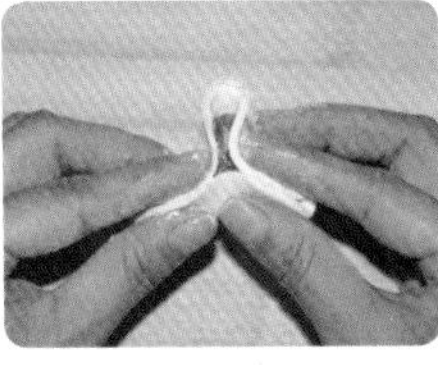

10. 两手如图这样往中间挤。

11. 捏成三角形，依次做好所有芋饺。

12. 开水下锅，点两次冷水，芋饺全部浮在水面就熟了，捞出后放在碗中，根据个人喜好搭配香葱碎、香油或者醋、辣椒油食用。

二狗妈妈碎碎念

1. 芋头要蒸透，用筷子轻易插透就是熟透了，过一下凉水方便脱皮。
2. 芋饺的馅随自己喜好，不一定和我的一样，但不建议用素馅，因为不容易包起来。

香酥牛肉饼

原料

- 饼皮：
水 200 克
盐 2 克
中筋粉 300 克

- 油酥：
中筋粉 40 克
花椒粉 2 克
五香粉 1 克
植物油 50 克
盐 2 克

- 牛肉馅：
牛肉馅 250 克
花椒水 30 克
蚝油 20 克
香油 5 克
白胡椒粉 1 克
大葱碎 40 克

这款牛肉饼好吃到了极致，一口咬下去，酥得掉渣渣呀！牛肉我用的是牛里脊，可嫩了……

做法

1. 200克水放入盆中，加入2克盐搅匀，再加入300克中筋粉，揉成面团，盖好，静置约1小时。

2. 40克中筋粉放入碗中，加入50克植物油、2克花椒粉、1克五香粉、2克盐搅匀，这是油酥。

3. 250克牛肉馅分3次加入30克花椒水搅匀，然后加入20克蚝油、5克香油、1克白胡椒粉。

4. 搅匀后把肉推在一边，旁边放40克大葱碎，不用拌。

5. 案板上抹油，把静置好的面团分成6份。

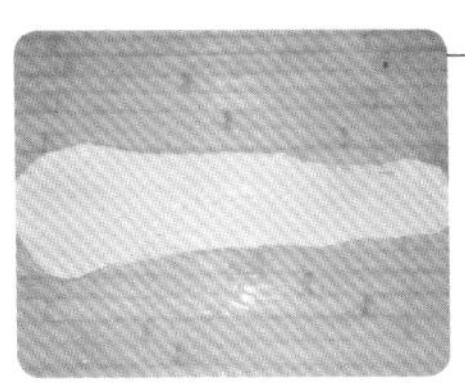

6. 取一份面团，擀长，一边稍宽一点儿。

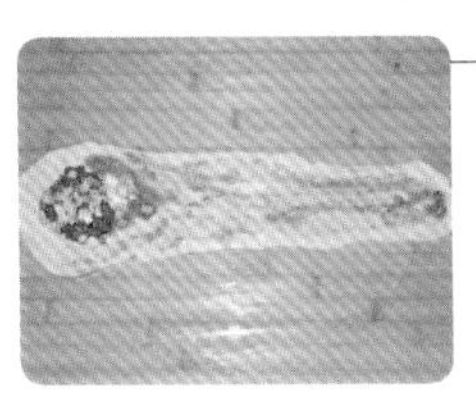

7. 在宽的这边放上牛肉馅，在牛肉馅上放一些大葱碎，在面皮上抹一层油酥。

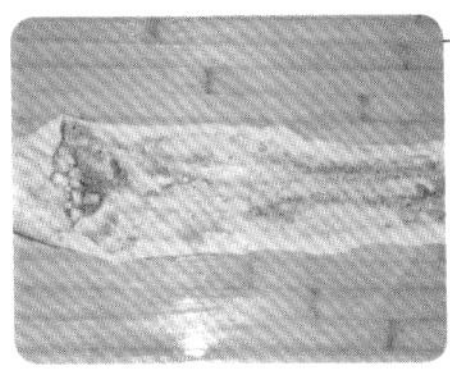

8. 用面皮先把肉馅裹起来。

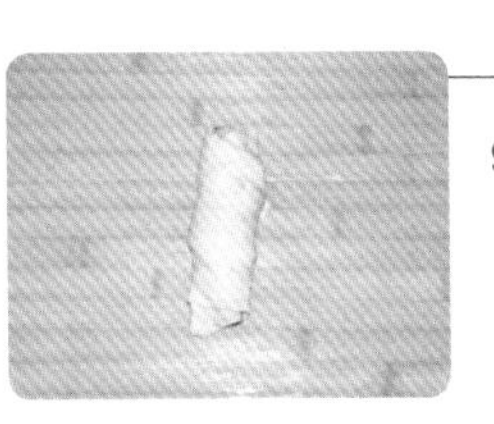

9. 再卷起来。

10. 把这个面柱立起来，按扁，稍擀，一个生坯就做好了。

11. 依次做好6个生坯，如果按扁时觉得面团太紧，可以松弛5分钟后再按扁。

12. 大火烧热平底锅，倒入油后转中小火，把饼放入平底锅，盖好锅盖烙约五六分钟。

13. 翻面，再烙五六分钟，两面金黄就可以了。

14. 把烙好的饼码放在烤盘上。

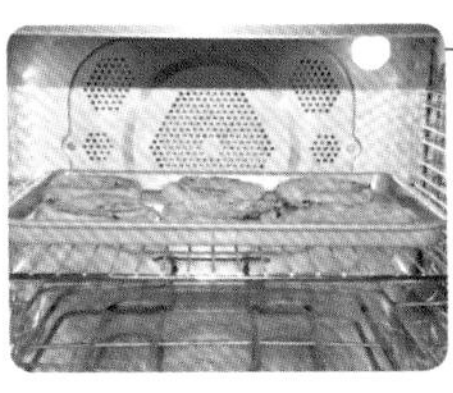

15. 送入预热好的烤箱，中下层，上下火，200摄氏度15分钟。

二狗妈妈**碎碎念**

1. 饼皮面团静置的时间要长一些，时间越长，在擀制的时候延展性就越好，出来的层次就会更多。
2. 大葱碎不提前和馅拌匀是因为这样处理后，葱会更香。
3. 花椒水做法：5克花椒+50克开水泡至少30分钟，凉透使用。

炸酱面

刚到北京时，和老公一起去吃炸酱面，小二把面端到我跟前，大声地问："面码全放吗？"我说好呀……天哪，他就开始一个小碟一个小碟把面码倒入面碗中，倒完以后，把小碟摞起来，小碟和小碟之间碰撞得你会误认为服务人员正在耍脾气……

手擀面：
牛奶 200 克
鸡蛋 1 个
盐 3 克
中筋粉 440 克

炸酱：
五花肉丁 250 克
白胡椒粉 1 克
大葱碎 160 克
黄酱 300 克
甜面酱 150 克
白糖 20 克
植物油 90 克

面码：
黄瓜丝适量
心里美萝卜丝适量
鸡蛋皮丝适量
熟黄豆适量

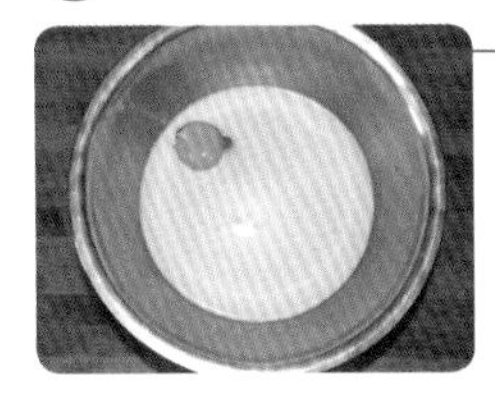

1. 200 克牛奶倒入盆中，加一个鸡蛋和 3 克盐搅匀。

2. 加入 440 克中筋粉。

3. 努力和成面团，盖好，静置 60 分钟以上。

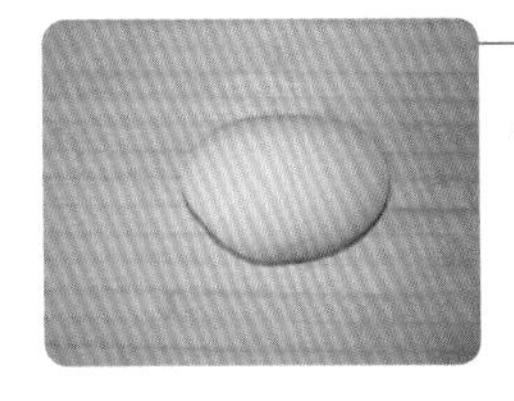

4. 把静置后的面团放案板上揉光滑。

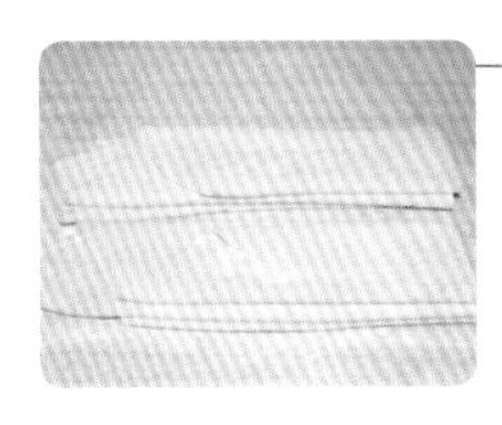

5. 将面团擀成大薄片，折成扇页形状，为了好切，我在中间又切了一刀。

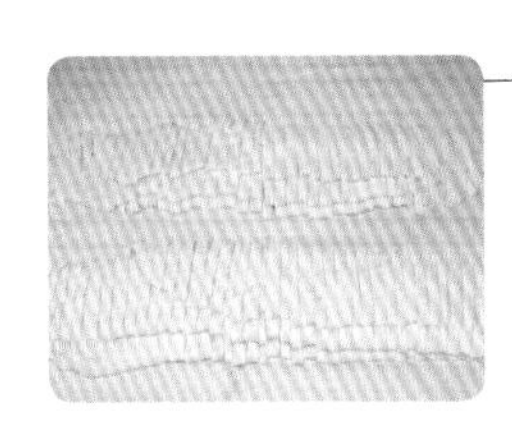

6. 按您喜好的宽度切成面条。

7. 面条加面粉，抖散备用。

8. 250 克五花肉切小丁备用。

9. 准备好 160 克大葱碎。

10. 准备好 300 克黄酱、150 克甜面酱。

11. 大火烧热炒锅，放入 90 克植物油，把肉丁放入锅中，加入 1 克白胡椒粉。

12. 不停地翻炒，一直到肉丁变得稍有点儿焦黄。

13. 下入一半的大葱碎。

14. 炒出葱香味，下入所有的酱。

15. 改中小火，不停翻炒约 5 分钟，关火，放入 20 克白糖和其余的大葱碎，搅匀，盛出备用。

16. 准备好自己喜欢的面码，我用的是心里美萝卜丝、黄瓜丝、鸡蛋皮丝、熟黄豆。

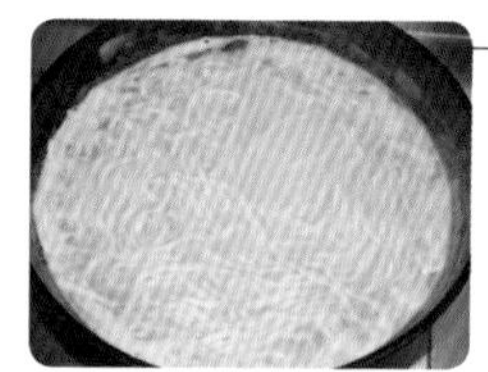

17. 锅中加入冷水，大火烧开后下入手擀面，再次开锅后，煮 1~2 分钟，关火，盛出，加入面码和炸酱即可食用。

二狗妈妈**碎碎念**

1. 手擀面可以自制，也可以外购。如果自制，请注意揉面团的时候要用力揉，因为面团水分少，不太容易揉成面团，揉好的面团也要充分静置才会光滑筋道。
2. 炸酱中的肉选用五花肉，有肥有瘦会比较好吃，如果都用瘦肉会觉得太干硬。
3. 我用的黄豆酱是已经澥开的，比较方便，如果不喜欢，可以自己去澥干黄酱。
4. 面码根据实际情况准备，不一定和我的一样。

烫蛋皮

原料

● 蛋皮：
红薯淀粉 50 克
土豆淀粉 50 克
水 100 克
鸡蛋 2 个

● 配料：
蒜片 10 克
香葱碎 20 克
大虾 4 只
油菜 2 棵
水 800 克
生抽 25 克
白胡椒粉 1 克
香油 3 克
植物油 20 克

简简单单的蛋皮这样做，放在汤里这么随意一煮，美味就这样不经意地产生了……

做法

1. 50克红薯淀粉、50克土豆淀粉放入大碗中。

2. 碗中加入100克水搅匀，静置10分钟。

3. 再加入2个鸡蛋。

4. 将鸡蛋与水搅匀。

5. 大火烧热不粘平底锅，舀一勺鸡蛋淀粉糊放入锅中，迅速转动平底锅，让蛋液铺满锅底，再放回灶上，煎至蛋皮凝固。

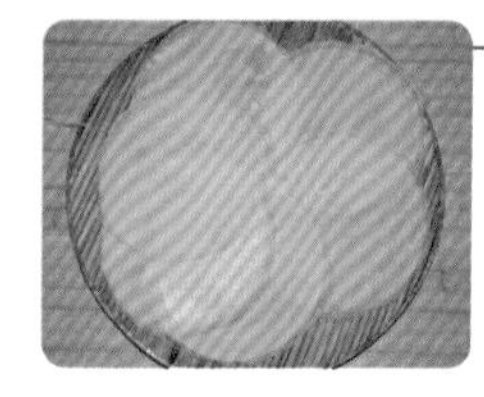

6. 依次把蛋皮都煎好。

7. 切成宽约1厘米的条备用。

8. 4只大虾挑去虾线备用，再准备好10克蒜片、20克香葱碎、2棵油菜对半切开。

9. 大火烧热炒锅，倒入20克植物油，放入蒜片和香葱炒香。

10. 把虾放入锅中煎至两面发红。

11. 锅中加入约800克水、25克生抽、1克白胡椒粉。

12. 开锅后煮约2分钟后加入蛋皮。

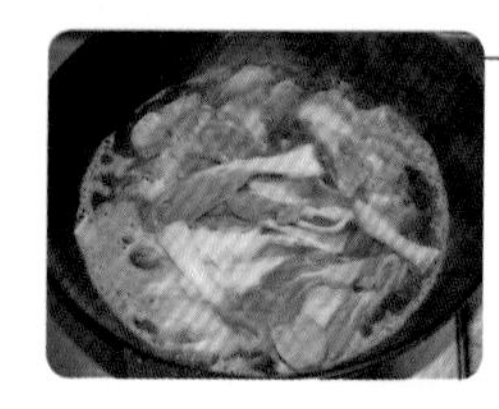

13. 再加入油菜，煮约30秒，关火，加入3克香油。

二狗妈妈**碎碎念**

1. 蛋皮不要摊太厚，太厚口感会不好。
2. 配菜可以随您喜欢，不一定要和我的一样。
3. 如果喜欢吃辣的，可以在关火后加一点儿辣椒油。

烤冷面

马上交稿的时候，小山山说，霞姐，东北的烤冷面您会做吗？哎呀，这有何难呀！分分钟给你做出来……先生在一边拍照，嘴里嘟囔："这个难度系数太低了，谁不会呀……"

原料

冷面片 1 片
香肠 2 根
香葱碎 10 克
香菜碎 10 克
蒜蓉辣酱 15 克
白糖 5 克
醋 5 克
鸡蛋 1 个

做法

1. 2 根火腿肠从中间切开备用。

2. 准备好 10 克香葱碎、10 克香菜碎，15 克蒜蓉辣酱。

3. 准备好一张烤冷面片。

4. 平底锅中放入油，中小火，把火腿肠煎至表皮稍焦，盛出备用。

5. 平底锅开小火，不用再放油，直接把冷面片放入锅中，稍喷一些水。

6. 在冷面片上磕上一个鸡蛋，用铲子铲开。

7. 等鸡蛋稍凝固，把冷面片翻面，刷上蒜蓉辣酱。

8. 然后撒上 5 克白糖，淋 5 克醋。

9. 把香葱、香菜放在冷面上，把火腿肠码放好。

10. 卷起来，关火，表面再刷一点儿蒜蓉辣酱，用铲子切断即可食用。

二狗妈妈**碎碎念**

1. 冷面片可以网购。
2. 香葱碎、香菜碎可以换成洋葱碎，也可以放自己喜欢的菜。
3. 蒜蓉辣酱也可以加一些甜辣酱、甜面酱，味道都很好的，如果实在没有这些酱，那家里的老干妈、黄豆酱也都行，只不过味道没有这些酱好吃。
4. 放入少量的糖和醋提味，很好吃的，如果不喜欢可以不放。